生活离不开的
思维导图

吴帝德 著

中国纺织出版社有限公司

内 容 提 要

　　你一定听说过思维导图，也观摩过很多的思维导图，甚至还尝试画出一张思维导图，这时你有什么感受呢？觉得思维导图言过其实，绘制思维导图需要美术底子，思维导图也就开会时思维风暴用下，这些可能都是你对思维导图的误解。世界记忆大师吴帝德从生活中各种各种的主题，包括学习、策划、梳理、总结、阅读、分析、创意、笔记、创作、管理等出发，通过本书与读者重点分享了思维导图绘制过程中的想法，帮助你深度了解思维导图的价值，用思维导图改变生活，提升自我。

图书在版编目（CIP）数据

　　生活离不开的思维导图／吴帝德著.—北京：中国纺织出版社有限公司，2020.11
　　ISBN 978-7-5180-7795-3

　　Ⅰ．①生… Ⅱ．①吴… Ⅲ．①思维方法—通俗读物
Ⅳ.①B804-49

　　中国版本图书馆CIP数据核字（2020）第158540号

策划编辑：郝珊珊　　责任校对：王蕙莹　　责任印制：储志伟

中国纺织出版社有限公司出版发行
地址：北京市朝阳区百子湾东里A407号楼　邮政编码：100124
销售电话：010—67004422　传真：010—87155801
http://www.c-textilep.com
中国纺织出版社天猫旗舰店
官方微博http://weibo.com/2119887771
天津千鹤文化传播有限公司印刷　各地新华书店经销
2020年11月第1版第1次印刷
开本：710×1000　1/16　印张：11
字数：186千字　定价：78.00元

凡购本书，如有缺页、倒页、脱页，由本社图书营销中心调换

preface

或许你听过、学过思维导图，但是，你真正画过思维导图吗？怎么画？画过几次？解决实际问题了吗？理清思路了吗？

曾经和两个外国朋友聊天时谈到，思维导图在国外普及得非常早，在新加坡、日本、欧洲很多国家，几乎人人都知道思维导图，知道思维导图可以用来做会议笔记、概括学习内容、激发灵感等，但遇到自己开会、学习以及真正需要给出某个具体方案的时候，往往还是采用原来的笔记或者思考方式，根本没用思维导图。难道是思维导图的绘制很麻烦？画了还是解决不了问题？某种程度来说，思维导图的普及率与使用率不成正比，问题出在哪里呢？我想，现在市面上大部分思维导图的教程都缺失了一个重要的部分，那就是绘制过程中的想法。大部分教材往往从道理、效果上着重描述，讲了半天导图的好处但是却忽略了实际操作，这样一来，即使给出一张导图，读者也可能看不明白，更不会懂得思维导图的真正乐趣和效果是体现在绘制者本身，绘制者的思考过程才是思维导图的灵魂。

学会思维导图的绘制步骤，我认为一两节课的时间足矣，但要用，要画，则需要足够多的命题，比如要写一篇作文的时候，要写一篇演讲稿的时候，要找出工作问题的时候，要给出某个策划方案的时候，要对投资风险进行判断的时候，等等。每一位导图的学习者，他们当中有学生，有员工，有老板，从职业上而言，有的从事金融、教育、制造、设计、管理，等等，因此，要真正将思维导图运用到自己的行业当中，活用起来，并感受它带给你的无穷的快乐和魅力，就需要模拟各种各样的命题，要动手画起来。

本着这样的想法，我采访身边不同职业的朋友，转换尽可能多的角色，绘制了这本书中收罗的导图，书中详细描述了每一幅导图的绘制步骤，思考过程以及心得体会，希望借此为广大读者提供参考，集思广益，百花齐放，画出自己的"性格"，画出自己的世界。

CONTENTS

目录

MIND MAP

01
什么是思维导图

上网搜索"思维导图"，你会看到一些由中间向四周扩散开的树枝般的图片，分支上写了一些文字，这就是思维导图。但是搜索到的图片当中大部分画质很低，有的也不算是合格的导图，如果你是想找一张标准导图做参考进行学习，那么你可能无从下手，甚至被误导。如果你在百科当中搜索"思维导图"，它会详细地告诉你，思维导图是什么，可以干什么，谁发明的，哪些公司在使用，哪些国家在普及，等等。

用我的方式总结，思维导图就是"利用发散思维原理，按特定步骤绘制的一种图形笔记和思考方法，与传统笔记相比有信息量大、不易遗忘、创新思维等特点，具有**学习记忆**、**事务管理**、**梳理总结**、**策划创造**等功能。"如果再强调一下我们学会思维导图有什么用处？那可以总结为，它可以让你**看清全局**，**激发灵感**，**正确判断**，是我们思维的地图。必须一提的是，这项被称为大脑"瑞士军刀"的强大思维工具的发明人——托尼博赞先生，他是著名的教育家，心理学家，世界脑力锦标赛发起人，也因此被称为"世界记忆之父""世界大脑先生"。正是因为最初他将思维导图教给一群患有"学习障碍症"的学生，并明显改善了他们的学习状况，从而使思维导图一举成名，开始向全世界普及，也让我们有了学习它的机会。

导图一定要……

如今的思维导图已经不仅仅是用于学习，它被运用于各个领域，但一张合格的导图，我们认为它应该具备以下的特征：

1.导图一定要"美"

追求美是大自然赋予人类的天性，我们不得不承认颜值高的人总会受到更多人的关注，获得更多的机会，得到更多的照顾；从人到小动物，从风景到小物品，美的东西才能停留在记忆当中更久，我们才会从内心感到舒服。思维导图同样存在着这样的道理，试想，看一张色彩鲜明、线条流畅、明暗协调、文字工整的导图，我们会带着欣赏的心情去看它的细节，随着分支的走向看完这张导图的时候，不知不觉中学习了它所总结的知识点，也收获了愉悦的心情；相反，如果看一张制作粗糙、墨迹斑斑、文字潦草的导图，大脑会自动屏蔽这样的信息，觉得它没有吸引力，从而命令我们的身体去做更有吸引力的事情，这样也就错过了导图的内容，错过了学习的机会。当然，这里我们应该分清一个概念，**导图"美"不"美"和一个人是否会画画，有没有美术功底没有绝对关系**，有一定绘画基础固然可以给导图加分，但一个完全不会画画的人也能画出一张"美"的导图，关键在于用心。所以，这里所指的"美"更多地体现为"认真"二字。中心图哪怕是简笔画，一个几何图形，不带任何颜色，只有几条线，很少的关键字，这都不是问题，只是表现形式不同罢了。只要是经过认真思考所画出的线条，想出的关键字，画出的中心图，它就是一幅"美"的导图，大脑更乐意欣赏我们自己认真劳动的成果，对自己而言，这就是一张合格的思维导图。

2.导图一定要运用"发散思维"

发散思维是我们思考问题的本质方式，我们的脑子里总是跳出一些关键词，然后基于我们的常识、认知、逻辑性地思考将这些词连成前后关系、因果关系然后行动。举个例子，听到"马尔代夫、婚纱、七折"三个词，大多数人会潜意识地想象为"马尔代夫婚纱之旅，限时七折报名。"但如果我们更换其中一个词变为"马尔代夫、婚纱、台风"，也许你会潜意识地判断为"在马尔代夫新婚拍照的夫妇遇到了台风。"**这正是我们大脑思考问题的基本机制，思维导图就是将发散思维与逻辑思维完美结合并将其可视化的方法，它能让我们看到自己的思维，将我们的想法变成"地图"。**发散思维的体现就是"关键字"，有的导图写满了句子，有的导图寥寥数字，要画一张合格导图，就必须懂得如何抓住重点，将句子变成词语，在导图的枝干上写上关键字。当然，有时候图也能代替关键字，所以你也会看到一个字都没有的思维导图。

3.导图一定要有"分层结构"

桌子乱了我们会清理，头发脏了我们会冲洗，但是我们的大脑和思维很少有人知道如何梳理。在导图中，我们利用主干和分支来表示这种分层关系，思维导图正是利用**由大分类想到小分类，由大概念想到小概念，由笼统到细化的分层思维方式，达到梳理知识、归纳总结的目的。**试想，我们买一本名为《超实用记忆力训练法》的书，分析书名，即使你不明确它的具体分类，但你也不可能到艺术、计算机类书柜去寻找，根据书店规模，它有可能被分类在心理学，有的可能被分在励志类。如果明确要买一本佛教相关的书，我们一定会直接询问工作人员宗教类的位置，而不是大海捞针。思维导图具有强大的分类归总的能力，它能将我们左右脑结合起来，将图像思维和逻辑思维统一，协调地呈现在纸上，正因为这样，思维导图画得越多就越觉得好用，大脑越清晰。

我认为，思维导图是激发潜能制造创意的完美工具，因此，本书搜罗的导图我或多或少进行了一些形式上的创新，意在不拘泥，新思维。**总而言之，"美"是一种态度；"发散"等于高度概括；"分层"类似逻辑推理能力，三者结合起来，无论何种表现形式，它就是一张合格的思维导图。**

关于"思维导图"的导图

首先，让我们通过这张图来初步认识一下思维导图的结构、绘制顺序，以及它具备的功能和特点。

一般思维导图包含**中心图、主干、分支、关键字、配图**几项，这张图中心的大树就是中心图，中心图代表一张导图的主题。绘制这张导图的时候，我想简单地将"思维导图"相关信息介绍给大家。在我的脑海中，思维导图代表着"知识"和"发散"，这让我想到了在童话中经常看到树爷爷，它代表全知和智慧，因此我决定用大树做中心图。如果画一棵大树，再把树根展开就可以当作主干和分支，既漂亮又有整体感，一举两得。

画好中心图后的下一步就是绘制主干，这一步是整个绘制过程当中最需要思考也是最花时间的一步，需要将我们大脑中的零散信息初步归类。我大脑中想到了这样一些词语"步骤、笔记、好用、创意、主干、梳理、学习、管理、绘制……"。然后我想到："要让读者知道思维导图是什么，怎么画，画得步骤和它由哪些元素组成，哪些元素是必不可少的。"于是决定将主干之一写成"绘制"；结合脑海中浮现的其他关键词，导图的优势自然要向读者宣传，于是又画了另一主干——"优点"；最后，它的用途也直接关系到我们的学习热情，因此又画了一条"用处"。画完这三条主干以后我还想到了导图的发明人以及推广过程中的一些故事，但是这些不属于我们这本书要细讲的内容，也没有想到其他的补充知识，于是就仅用了三条主干概括导图的相关信息。

绘制分支是一个美妙的过程，仿佛让知识点开花结果。分支是对主干的详细说明，从主干"绘制"开始展开的话，我认为画一张导图大概需要4个步骤：**画中心图——思考并画出主干——填充分支——写上关键字和配图。**首先，对主干"优点"展开可以想到，"导图相比厚厚的书本便于携带，所以方便交流；一图胜千言，所以包含的信息量大；色彩鲜明，自己绘制的导图印象深刻；画完之后可以从全局看到自己整个思路；画的过程就是逼着自己想的过程，因此能解决问题；层次分明的绘制方式让我们梳理了思路；画的同时能想到一些平时想不到的点子，所以能激发思维。"因此，我用关键词概括脑袋中的想法以后把它画成了七条分支。最后剩下主干"用处"，我想到导图可以用来做笔记、整理知识点、创造新点子、管理任务，笔记又可以具体分为学习方面和会议记录方面；整理可以具体分为整理思路和知识点（材料）；创造新点子可以分为某个创意、具体的方案或是某种解决问题的方法；管理可以分为管理时间或者团队，这样展开以后一幅《关于"思维导图"的导图》就基本完成了。

画完之后多少觉得纸面上有一些空旷，画上配图的话颜色又过于花哨，为了强调整体感，使整张导图看上去像一幅简单的风景画，于是加上蓝天和小蝴蝶增加生气。

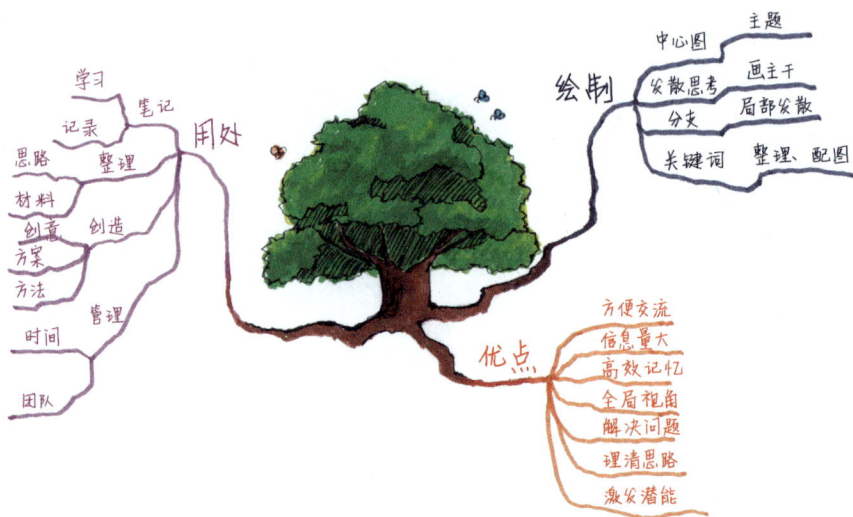

中心圈 —— 主题
发散思考 —— 画主干
分支 —— 局部发散
绘制 关键词 —— 整理 配图

学习
记录 笔记
思路 整理
材料 用处
创意 创造
方案
方法 管理
时间
团队

优点
方便交流
信息量大
高效记忆
全局视角
解决问题
理清思路
激发潜能

本张导图总结

　　让我们以这张导图为教学大纲，今后的学习当中会更加详细地描述绘制过程和当时的想法，以及各种表达方式的不同点。这张导图用树根作为主干连成一体是我绘制的初衷，很多自然界放射状的东西如果用来画成导图应该都是相当美的享受，比如，支流众多的河流、开裂的岩浆、漩涡、蜘蛛网、荷叶、花朵、雪花……思维导图是激发创造力的，同样，我们也应该激发无限创意，玩转思维导图。

MIND MAP

02
看懂思维导图

画一张思维导图之前先要会读懂一张导图。导图利用发散思维采取关键字的方法就会省去相当多的文字，**一张导图的信息量远远大于它的表面，因为它的背后还藏着你的思考**。也许你有这样的经验，一篇几万字的word文档但容量仅仅只有几百KB，但是一张照片动辄就是几MB，所以，图片的信息量是远远大于文字的，要读透这些信息，就必须知道如何去看一张思维导图。

外来蔬菜与水果

以《外来蔬菜与水果》这张导图为例，这是一张画在照片上的思维导图，因为和蔬菜水果有关，我想用大自然的脉络来体现导图的分支，所以选了一张梯田的照片，中间太阳的反射就可以看成中心图。这张图没有太多的分支，一条主干只有一条分支，但是分支连得特别长，让我们适应一下以中心图为起点随着分支行走方向阅读关键字的习惯。

首先，从主干开始阅读，阅读的时候一般没有特定要求从哪一条主干开始，所以可以随意按自己的习惯或者兴趣来阅读。这里我们看到有四条主干，说明是四个大分类，比如选择从左上角的"原产蔬菜"开始阅读，沿着这条长长的分支读到它的最左上角末端，我们就知道原产蔬菜包括：葵、香椿、藕、萝卜、冬瓜，等等。需要注意的是在这张图里，分支虽然连得很长，但是他们之间没有从属关系，也没有时间的前后关系，香椿不属于葵，也不表示先有葵后有香椿。用导图处理这种类型的知识点，如果一个关键词用一个分支，都从主干发散开来的话便很难画得美观，所以可以加长分支来罗列这些词语。

其次，看完一条主干以及它的分支内容之后，第二条主干就应该按顺时针或者逆时针的顺序来阅读，原因很简单，跳着阅读容易遗漏信息也不符合我们的阅读习惯。如刚才看完左上角"原产蔬菜"以后我们可以选择第二条相邻的"外来蔬菜"进行阅读，同样按离中心图近到远的方式：小葱、蒜、香菜、西芹……一直到最末端的生菜。最后，用同样的步骤读完这张导图的所有信息。

你是否习惯了这种随着分支走的"拐弯抹角"的阅读方式了呢？随着对思维导图学习的深入，相信你会变得非常喜欢这种有趣的阅读方式，它既能让我们获取信息，也能让我们在学习中体会放松，感受乐趣。

外来蔬菜
外来水果
原产蔬菜
原产水果
洋葱
卷心菜
辣椒
土豆
红薯
胡萝卜
香菜
蒜
黄瓜
南瓜
茄子
四季豆
木耳菜
哈密瓜
草莓
芒果
木瓜
菠萝
柠檬
苹果
西柚
无花果
葡萄
石榴
甘蔗
火龙果
榴莲
椰子
韭
白菜
茶
香椿
丝瓜
桃
李子
桂圆
荔枝
柿子
柚
梅子
梨
枣

中国世界遗产名录

同样两组信息，一组是枯燥的文字表格，一组是精美的图片与文字，不用说，你一定更喜欢图片搭配文字。那么如果是图片搭配文字表格和图片搭配思维导图呢？我觉得，思维导图的乐趣会大很多，这同样是一张画在照片上的思维导图。

如果你是一个旅游爱好者，梦想踏遍名山大川，那就不得不提"世界遗产名录"，截止目前，中国是世界上"世界遗产"数量第二多的国家，仅次于意大利。除京剧、针灸、珠算等被称为非物质文化遗产的种类以外，如图所示，世界遗产分为：文化景观遗产、文化自然双遗产、自然遗产和文化遗产四大类型，一目了然。

中国世界遗产名录	
1	山东泰山
2	敦煌莫高窟
3	四川九寨沟
4	云南丽江
5	长城
……	……

和上一幅《外来蔬菜与水果》相比，这张导图的主干更标准化一些，一般情况下，绘制导图的原则为每一个主干和从属于它的分支用同一个颜色，另外一个主干和从属它的分支要用另外的颜色。好比这里的"文化景观遗产"用了黑色，由它展开的分支庐山、五台山等自然也是黑色，"文化自然双遗产"用了红色，"自然遗产"用了蓝色，"文化遗产"用了白色一样。另一个比较特别的地方在于中心图并不是一定在正中央，这张照片的天坛气势磅礴，屹立在地面上，但它依然可以作为中心图。所谓"中心图"，其实就是这张导图的主题。既然是归纳整理"中国世界遗产名录"知识点的思维导图，用天坛是再合适不过的了，当然，如果用长城、故宫、武陵源山脉等具有放射性形状的主题也是相当不错

五台山
庐山
文化景观遗产
杭州西湖
哈尼梯田
峨眉山-乐山大佛
黄山
泰山
武夷山
文化自然双遗产
武陵源
三江并流
九寨沟
黄龙
四川大熊猫栖息地
自然遗产
中国南方喀斯特
新疆天山
三清山
中国丹霞
澄江化石地
周口店北京猿人遗址
秦始皇陵及兵马俑
布达拉宫
承德避暑山庄
明清皇宫
莫高窟
曲阜孔府 孔庙 孔林
武当山古建筑群
丽江古镇
平遥古城
长城
颐和园
天坛
苏州古典园林
大足石刻
明清皇家陵寝
青城山-都江堰
龙门石窟
皖南古村落
高句丽王城 王陵及贵族墓葬
安阳殷墟
澳门历史城区
开平碉楼与村落
福建土楼
云冈石窟
元上都遗址
中国大运河
丝绸之路
土司遗址
文化遗产

的。

按中心到末端的顺序阅读主干和分支上的关键词，最后到末端的分支变成了一个小箭头，这里表示遗产数量还在不断增加。读过这张导图也许你会发现，不论分支怎样弯曲，关键字几乎没有竖着写或者太过倾斜，这是因为在思维导图中，分支除了代表分层思考，还兼顾了重点符号"下划线"的作用，因此在我们开始动手绘制导图的时候，要考虑弯曲的方式和预先留出可以横着写关键字的地方。

小学数学面积体积计算公式

思维导图的绘制可以分为手绘和软件，这张完全手绘的思维导图更贴近于传统的托尼博赞先生的导图要求，即**中心图、不同颜色的主干和分支、关键词、配图**四个必须的要素。这张导图中没有一个字的文字描述，关键词全部是数学公式。如图所示，既然是归纳面积和体积计算公式的思维导图，中心图就画了美丽的黄金比例几何图形——五角星；由于是小学知识点，画成可爱的风格更能吸引读者的阅读，因此加了一双眼睛将其拟人化。

第一眼看这幅图，左边黄色的立体图形和右边绿色的平面图形比较抢眼，**这就是导图中"配图"的作用，它用来强调重点和加深我们的记忆。**从任意一条主干开始阅读，例如左边绿色的方体计算公式，从分支和配图都可以很清楚地知道，方体又分为长方体和正方体；再往下又各有两个分支，我们称为二级分支，即第一个分支上的分支，阅读关键字可以得知长方体的面积S和体积V的计算方式。同样的方式，我们也对正方体的面积和体积计算公式一目了然。重点是，比起简单的列表，这样的归类方式会让我们留下十分深刻的印象。

值得注意的是，我们虽然看到五个大的主干，但是这五个大主干又可以

$C=2\pi r$

$S=\pi r^2$

$S=\frac{1}{2}ah$

$S=2(ab+bc+ac)$

$V=abh$

$S=6a^2$

$V=a^3$

$C=2(a+b)$

$S=ab$

$C=4a$

$S=a^2$

$S=S_{侧}+2S_{底}=2\pi rh+2\pi r^2$

$V=sh=\pi r^2 h$

$V=\frac{1}{3}sh$

$S=ah$

$S=\frac{1}{2}(a+b)h$

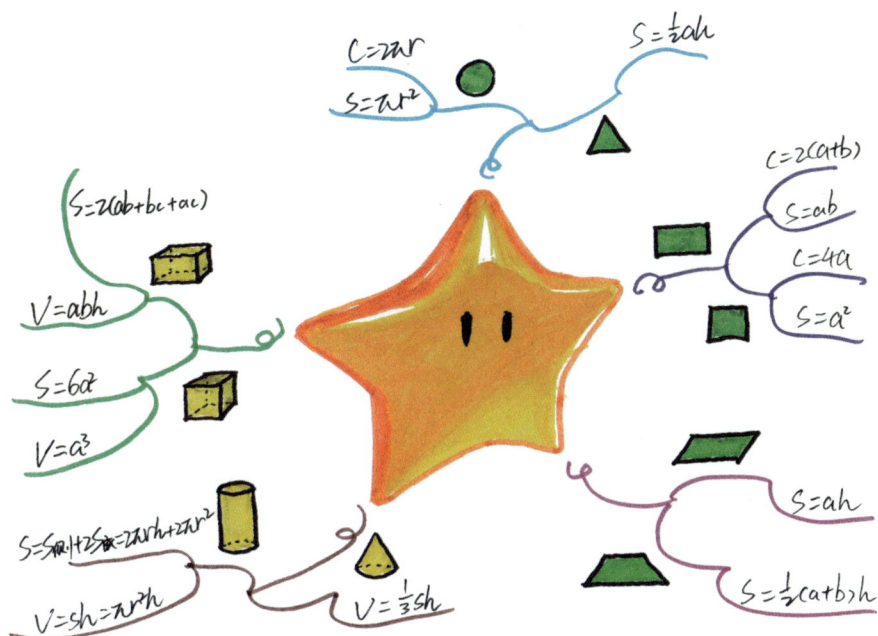

被归纳为平面和立体两大类，通过配图可以清晰地区分这两个概念。因此，在阅读的时候如果是先读完了绿色主干方体的面积体积计算，那么下一个我们应该接着看属于同类型的圆柱体、圆锥体的计算，而不是跳到右边看平面图形的公式，这样会让我们思路更清晰。简而言之，先看同一类型，比如先看完立体的再看右边平面的。

　　试想把这张导图作为小学数学课本的彩图插页放在书中，对小学生而言，即使每一个公式还不能完全记住，但是在查阅的时候，思维导图的分层结构、分类归纳一定会加深学生对公式的理解和概念的梳理。所以，和单纯的文字、列表比起来，思维导图的信息量更多的是隐藏在背后的思考和引导。

爱因斯坦生平

相对于前面的几张思维导图，这张图信息分类更多，通过标题我们可以知道这是一张归纳爱因斯坦生平的导图，所以在阅读这类导图的时候，主干阅读顺序应该是相对固定的。我们通常有这样的经验，一本厚厚的书你全部读下来，让你增加的知识可能占一部分，对你能实际有用的知识又在这一部分当中占一小部分，也就是说到最后，对你而言可能一本书的有用内容就只占20%，几个月甚至更长时间过后，你能记住的仅仅占百分之几。读这张导图的时候，我们需要先大致浏览一下整体介绍的内容，初读一次后我们可以发现，这张导图是按照爱因斯坦的年龄经历来进行归纳总结的，因此，第一条主干应该是右上角的"学习期"，其次是顺时针下来的"创造期"，再其次是"鼎盛期"，最后才是"获奖经历"。

这张导图的设计初衷是将爱因斯坦标志性的凌乱爆炸头头发延长作为主干和分支，这样既有趣味性，也能增强中心图和主干的整体感。每一个分支都采用了不同的颜色，学习期比较刻苦因此选用了冷色调的紫色，创造期比较温馨和热情，所以用了淡淡的橘色，鼎盛期就像树叶一样繁茂盛开所以选用了绿色，获奖经历自然就用火红的红色。所以，**思维导图主干的颜色是绘制者自己内心所想的具体表达**，关于颜色，并没有标准答案，换句话说，除了荧光色以外喜欢什么颜色就用什么颜色，荧光色太吸引眼球，既会破坏导图的平衡，也会让导图失去美感。

从第一条"学习期"开始阅读，可以知道爱因斯坦小时候曾经被开除，下一条分支进行了原因的说明，因为不服兵役。另外一条分支说明他在瑞士进行了学习，学习的同时还谈了恋爱（同一条线上有两个关键词），然后找了工作，分别有三次尝试，第一份是气象员，之后是代课老师，然后是在专

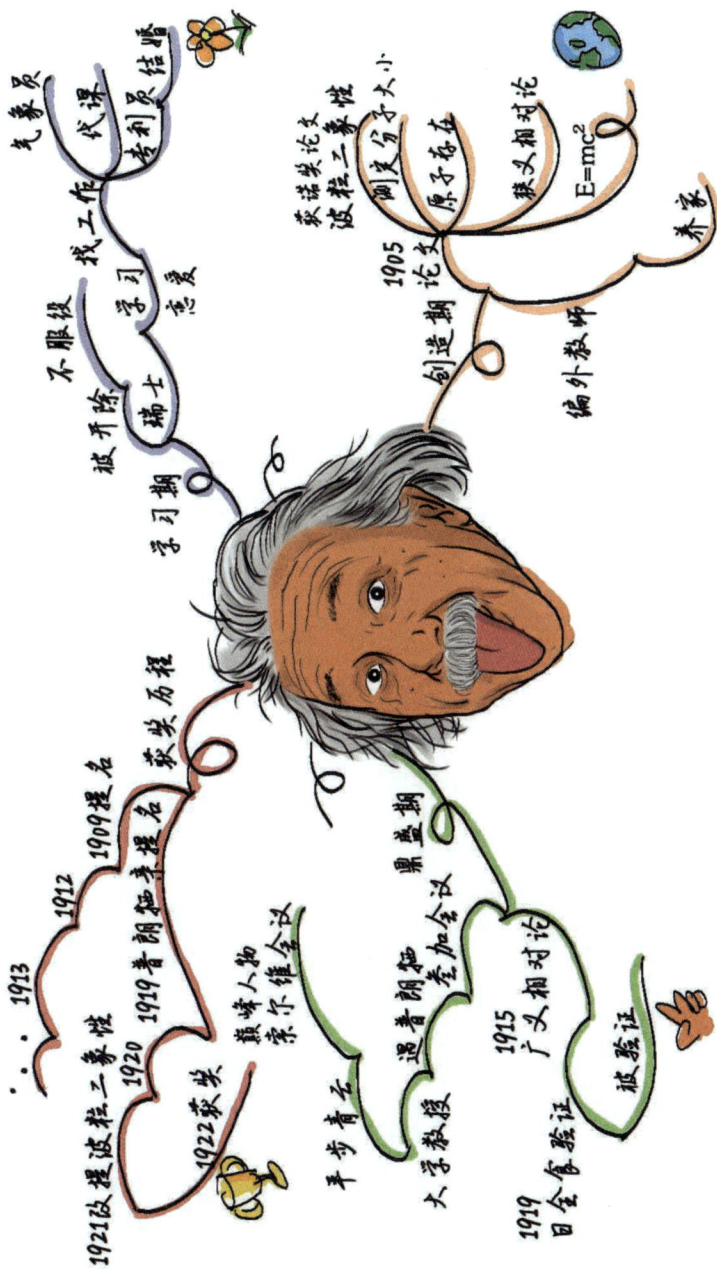

气象局

代课

结婚

找工作

不服级

学习

愚蠢

被开除

瑞士

学习期

获诺贝尔之艰难

波程之艰难

创建分子原子存在

狭义相对论

$E=mc^2$

1905

创造期

额外关怀

养家

获奖历程

1909提名

1912

1913

1920

1921改提波程之艰难

1922获奖

巅峰人物 崇尔维论会议

手势肯尼

大学教授

读书期间参加会议

鼎盛期

1915 广义相对论

被验证

1919 日全食验证

利局做专利员并固定下来结了婚，配图一朵小花加强可视性。第二条"创造期"的两个分支，一个是论文，可以清楚地看到1905年爱因斯坦抛出了五篇震撼性的论文，由上到下分别表示了论文的先后顺序，虽然最后的狭义和广义相对论最被人们所熟知，但获得诺贝尔奖的是第一篇"波粒二象性"的物理理论，即光同时具有波的特征和粒子的特征。另一条分支则说明，这段时间，爱因斯坦作为一个编外教师，像普通人一样过着养家糊口的日子。按同样的方式，仔细阅读另外两条主干的内容就能将爱因斯坦辉煌的一生有一个大致了解了。

从《外来蔬菜与水果》再到《爱因斯坦生平》，掌握一张思维导图的阅读方式可以让我们深刻体验导图的乐趣和优势。有的导图看似简单，但如果不懂得如何阅读那也仅仅是当作涂鸦看一眼就忘了；有的导图分支众多，需要耐心地阅读，当你阅读完所有信息，你就会对内容有深刻的掌握。这张《爱因斯坦生平》思维导图正是我阅读厚厚的两本《爱因斯坦传》后所总结的内容，读两本书我用了整整两天，但看一张导图只需要几分钟的时间，我们抛开了书中的润色成分，直接阅读书的精华。思维导图让我们复习起来不必再重新翻阅两本书，让我们高效地获取了知识，断开的关键词之间我们通过逻辑推理和分析将他们联系起来，对整个知识有了清晰的脉络，这就是阅读思维导图的妙趣所在。

MIND MAP

03
传统导图与新导图

　　这本书中的大部分导图，我都在托尼·博赞先生的导图原理基础上做了创意性的发散，使用思维导图目的之一就是激发我们的创造力，那么绘制本身是不是也能进行创意性的改革呢？结果是比较明显的，形式上的改变并不会影响思维导图的功能，不但如此，它更大程度地使我跳出"框框"思考问题，使我脑洞大开，也让思维导图这一神奇的工具更有了美感和观赏性。

　　如图①②③④是传统风格的思维导图，它要求画在一张A3或者至少是A4大小的纸上，要求是彩色的，要求主干要比分支大，等等。当然，这是给初学者一个明确的步骤和要求，更方便学习。但是对于已经知道怎么画，但实际工作中却又不用的人而言，问题出在哪里呢？我想，就是思想的固有模式给我们制造了障碍。太过于拘泥这样的形式，反而牵制了我们的灵感和创意。思维导图为什么不能是黑白的？为什么不能画在彩色的纸上？拍出来的导图能叫思维导图吗？主干和分支一样粗细就不行吗？我认为，正如前一个

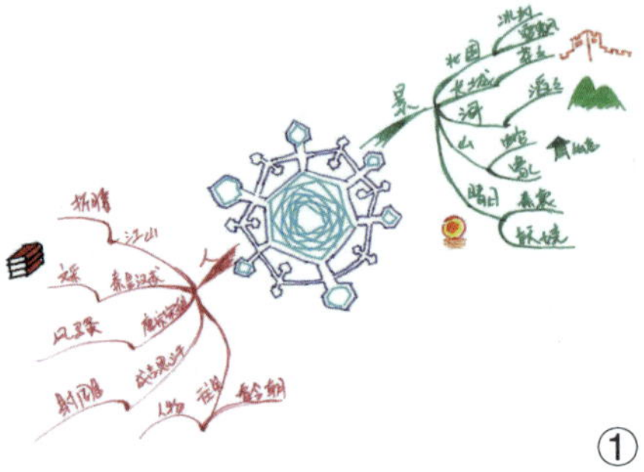

①  ② 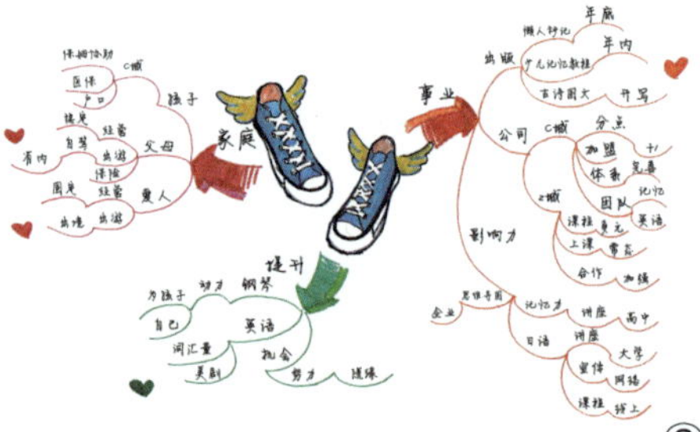 ③ 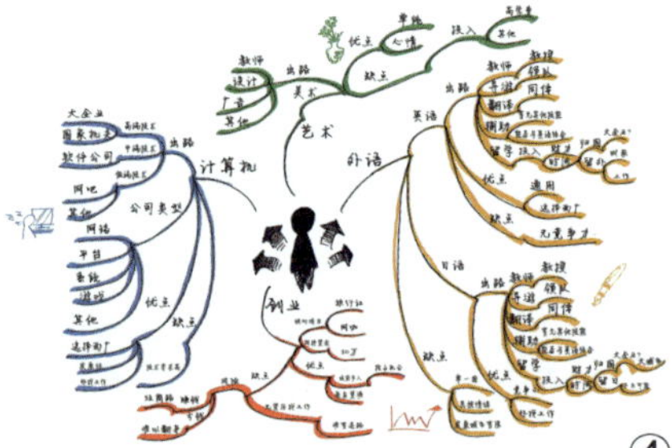 ④

小结所说，**只要具备了：美（认真）、发散思维、分层结构，那么就应该是
一张合格的思维导图。**这就包含了传统风格的导图和其他表达形式的导图。

图⑤⑥⑦⑧就是用了不同的表现形式，图5用偏旁部首做分支和主干；
图6用水墨风格，用祥云做主干；图7用黑白表示阴阳；图8用实物直接拍出
了思维导图。我们不要求初学者也绘制这样的导图，因为并不是艺术设计或
者绘画大赛，但我强调的是，形式是初学的阶段，一旦我们学会以后就应该
忘掉这个形式，抓住思维导图的核心要素，随心所欲，自由发挥，这正是我
对思维导图的教学理念。传统和创新并不矛盾，先懂得传统才能真正创新，
用一句武侠片中的话来说，无招胜有招，就是最高境界的武功。

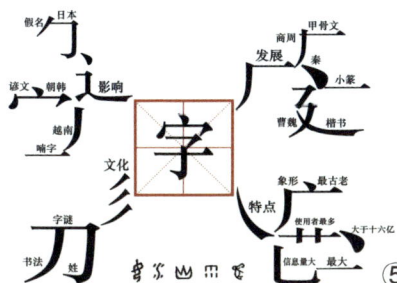

⑤

⑥

⑦

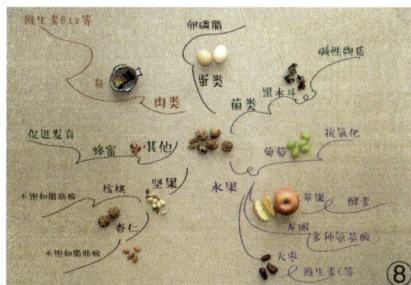

⑧

MIND MAP

04
发散思维训练

发散思维训练一

前面的小节我们已经讲过发散思维是我们思考问题的基本方式之一，思维导图更是将发散性思维和线性思维高度结合使用的全脑工具。很多年前我刚接触到思维导图的时候，很多教学都会提到一张"水果"的思维导图，虽然老师讲了很多道理，但是最终我还是不明白为什么要画这张导图，画这样的命题有什么意义。说到"果篮"我能想到"橘子、西瓜、苹果等"，再通过"橘子"我能想到"维C、鲜橙多、金色的麦子"，但画这样的导图意义在哪里呢？又如何用到工作和学习当中呢？这个疑问一直伴随了我很久，后来当我画过若干张导图以后我才发现，原来我们需要通过这样最基础的思考来锻炼我们的发散思维能力，否则画一张思维导图，你会花很多多余的时间，而且还体会不了其中的乐趣。

让我们先来直观地锻炼一下发散思维，这张导图用了比较流行的晶格化渲染，将橘子、西瓜、猕猴桃和苹果变得像钻石一样更有棱角，是为了突出他们的立体感。在接着看主干后面的分支之前，你先用一张纸写一下，听到上述的4种水果，你能想到什么？具体的事物比抽象的好，直接联系比间接联系好。

你能想到什么？

橘子：_____

西瓜：_____

猕猴桃：_____

苹果：_____

这有点像主持人考试的练习，比如给一个题目"红色"，看你可以根据这个词展开哪些话题，从而考察随机应变的能力。这张导图中，主干橘子下的分支分别是：调料瓶、娜美（动漫人物）、果汁，因为在我的脑海中，说

到橘子我立马浮现出陈皮，它是一种调味料，炖汤的时候提味增鲜，或多或少说明我是一个吃货。漫画中娜美这个人物喜欢吃橘子，因此我能想到她。橘子汁应该是最常见的果汁，因此一下子跳出这三个关键词。但是，如果每一个水果发散都想到果汁那就变得重复了，所以我进一步打开思路，在主干西瓜的部分我联想到西瓜籽像子弹，看到西瓜皮想到瓜皮帽，西瓜皮容易让人滑倒所以还想到了鞋子。红心猕猴桃特别得甜所以能想到桃心，通过名称能想到猴子，表面的毛让人想到毛毛虫。苹果让人想到曲子《小苹果》，所以用钢琴表示，红红的颜色和果蜡让人想到口红，苹果还能使人联想到伟大的科学家牛顿。以上就是最基础的发散思维练习。如果你在写上面的联想的时候花费了一些时间，说明你思维比较定式，需要经过锻炼提高大脑的灵活度。

发散思维训练二

这张密密麻麻的思维导图全部由配图组成，它是上一张思维导图训练的升级版，如果不解释这张导图，你能看懂吗？中心图是"花"，蓝色、橙色、桃红色、绿色的四个主干分支都是发散进行的结果。比如从左上角的绿色主干开始，说到花想到风景（配图是山），由上往下，看风景想到树，树想到木材、锯子、氧气，氧气想到鱼和化学，化学想到阴阳、爆炸，爆炸想到美国和日本，日本想到哆啦A梦；风景想到花园，花园想到葡萄；风景想到草地，草地想到泥土、湖泊，湖泊想到白云；风景想到旅游（鞋子），旅游想到望远镜、游轮、人群、导游（喇叭）。

为了充分体验这张导图训练的乐趣，我们再以右边的蓝色分支为例，花想到女人，女人想到4个分支分别是爱情、说话、面膜、香水，然后分别发散。爱情想到戒指和玫瑰，玫瑰想到香皂；说话想到恋爱和口红，恋爱想到宝宝，宝宝想到奶瓶和玩具；恋爱想到买房，买房想到父母压力和金钱；

恋爱还想到校园，校园想到青春；回到图中的二级分支"说话"（配图嘴唇），说话想到口红，口红想到高跟鞋和颜料；分支"面膜"能想到韩国和微信（看来朋友圈卖韩国面膜的XX给我留下了深刻的印象）。

这里的发散思维训练和上一张的区别在于无限分支发散，只要纸张够大，可以无穷无尽地联想下去，最终回头看自己思考的轨迹就是一张趣闻的**"思考地图"**。你不妨拿出纸笔来一次思维风暴，不必担心画得好不好看，我们的目的是训练发散思维，即使不画图仅用写关键字的方式也无妨，但要尽量将每一个词发散，尽量把纸张画满，认真对待。这里给大家三个不同类型的主题，请各位拿出纸笔尽情发挥，三个主题请分别用三张纸画三次，分别是："鲨鱼""水""沙发"，**同时，请注意一个初学者容易犯的错误，不要把关键字用线连起来，而是把关键字写在线条上。**

水果与生活

如果说前面两幅导图的练习是没有目的性的随意发散，那么这里我们划定一个范围再来思考，那就是"水果和生活"的关系，想象一下我们生活当中和水果发生的各种联系，然后再用思维导图的方式表达出来。

比如，说到水果自然会想到"吃"和"喝"，零零散散地想到一些关键词如果汁、葡萄干、酵素、水果茶、拼盘等。怎么用分层结构概括这些零散的信息呢？我想，水果最大的用处无非就是用来吃，那么"食用"自然是一个大的主干，写出了食用，下一步就好办了，比如刚才想到的"果汁、葡萄干、水果茶"实际都是属于吃的范畴，可以将其归为一类。为了优先整理出主干，在这里我只需要思考"食用"以外的分类，不要急于填充分支内容。然后刚才想到的"酵素"一词让我想到水果还有医药类用途，用于滋补、清热，帮助消化，虽然和食用有一些意义上的重叠，但目的上而言应该算药用，因此又画了主干"药用"。除此之外，木瓜经常用来做面膜，水果也常用来发酵酿酒，做菜或者糕点的时候用来做点缀，于是，我把剩下所有用途归纳为主干"其他"。完成了上述三个大的主干，剩下就是将每一个主干发散，填充分支。

这里的练习方向更倾向于"思考归类"，而不是无限制的发散。你可以在这张导图的基础上进一步地扩充，也可以换一个全新的视角来绘制一张"水果与生活"的导图，同样的主

题，一百个人就有一百张不一样的导图，因为每个人的思想都有差异，正所谓仁者见仁智者见智。在绘制这张教学导图的时候，我尝试用写实性的彩色素描来表达，用车厘子的真实枝干作为导图的主干分支。从绘制的角度提示大家，**分支不一定是无意义的线条，有的中心图它本身就能拓展开主干和分支，这样的画面更有整体感，显得更"美"**。

通过对导图的阅读、发散思维的训练，相信你已经比较了解整个导图的结构和思想，下面让我们进入下一章，**准备好彩色笔和纸，正式开始学习导图在各种主题下的运用思路和具体的绘制步骤**。

MIND MAP

05
大脑的说明书

自我介绍

占用大家五分钟的时间，请用我们上一章讲述的阅读导图的方法来看一下这张《自我介绍》。

试想你是一个企业的面试官，收到厚厚一叠面试者的求职简历，密密麻麻的文字和表格介绍着各种专业、经历、获奖情况等，即使发现某个优秀学生并仔细地看完了他的自我介绍，你或许被他某一条经历吸引，某一个特长感兴趣，但看完过后你对他的印象也仅仅停留在"他是双学位，或是他懂德语，又或者他在全省唱歌比赛拿过奖"等具体的点上。如果这里使用思维导图，你的感受将会完全不一样。如果你已经看完下面的导图，你应该会有这样的感觉：对这个人物了解比较清晰，虽然没有过多的文字介绍，但是却完全不同于以往看过的任何文字介绍，简直就像在看一张产品说明书，"它"的规格、参数、功能、使用方法等，一目了然！如果是这样一张求职简历，从介绍的角度而言，绘制者能进行最大程度的自我展示，把"死"的简历变成一张活生生的图，它的意义并不是在于用别出心裁的形式来展示自我，而是通过思维导图的分层结构，百分之百地向面试官展示了自己。

这张导图是我的一个自我介绍，绘制的时候我觉得年龄、家庭等基本信息不必太多介绍，也没有人会太关心这样的事情，但是又必须对自己的基本情况有一个说明，因此我先画了主干"基本信息"。接着我并没有马上将这条主干展开，而是优先考虑其他主干的绘制，通过分层思维，由大到小先分类别，这样更有效率。自己曾经的学习情况以及能力必须展示给面试官，于是我便画了主干"简单经历"和"兴趣与技能"。我觉得作为人物介绍，经历和能力、兴趣等可以反映出一个人的性格，相当于给躯干注入灵魂，因此在画分支的时候也进行了比较详细地展开描述。最后，由于我不是一个求职者，画这张图的目的是对自我的一个重新认识，人和人之间最大的区别就是思想，所以我画上了主干"人生观"来表达自己的所想所为。画好四条主干，下一步就是将每一条一边发散一边写上关键词，最后点缀配图画了小花、蝴蝶。最初画中心图的时候也是用的我的自画像，这张自画像是钢笔描线后扫描再用电脑上的颜色，关于"画"的步骤和方式并不是我们这本书讲述的范围，因为这并不是一本教画画的书，但我也会简单地介绍一些画的方法，以满足部分读者的好奇心。当然，一定要明确，思维导图不是绘画比赛，即使你觉得自己画什么都四不像也没有关系，要学会欣赏自己的导图，认真对待自己的作品，前面已经讲过，"认真"是绘制一张合格导图的基本要素。

本张导图总结

这张导图让我们初步认识它的全局视角的功能，不管是介绍事还是人，通过导图我们更加一目了然，而且能把所有的小信息连成线，仿佛一张彩色而又生动的说明书。

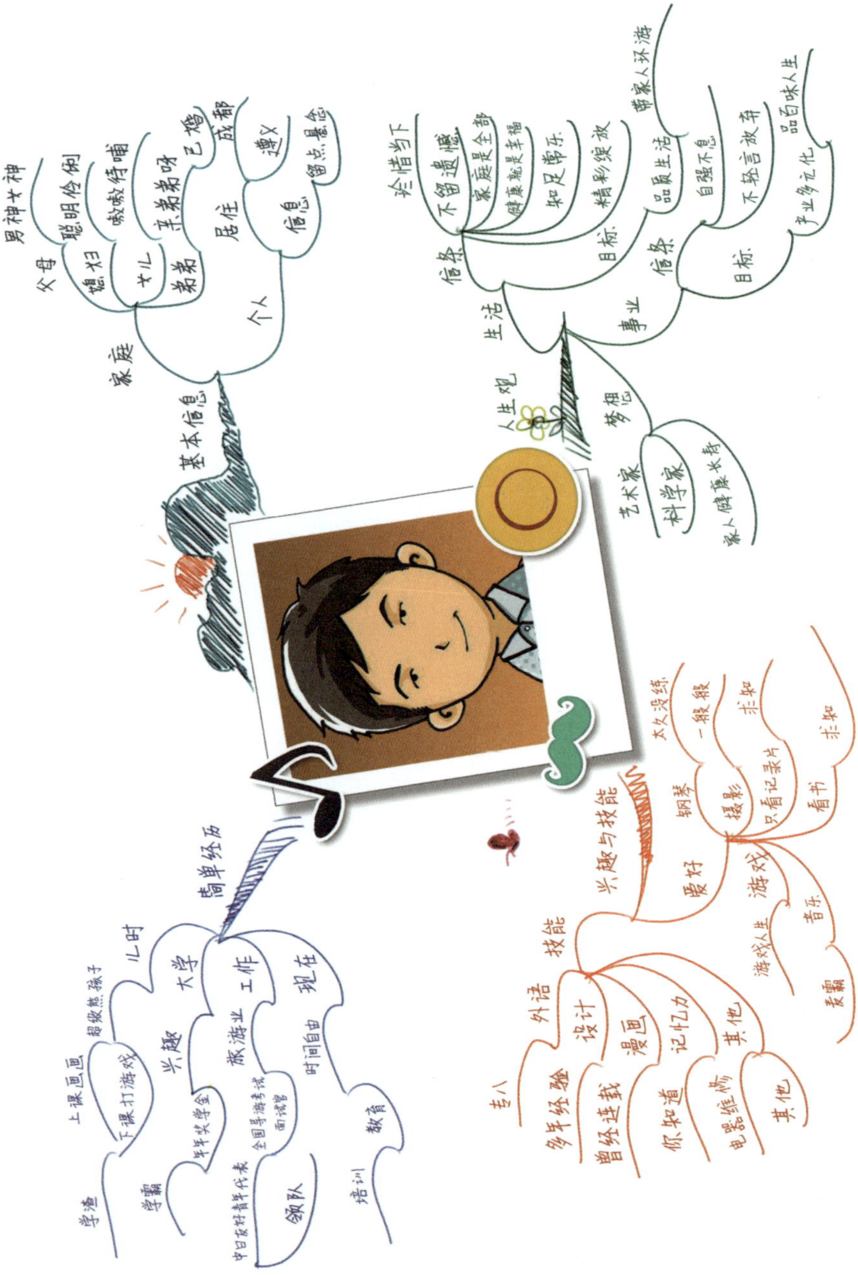
基本信息
家庭
个人
人生观
生活
事业
梦想
简单经历
兴趣与技能

MIND MAP

06
文章概括与学习

《沁园春·雪》

对于学生而言，文章概括与学习是思维导图最常用的用途。它在概括文章内容的同时，让我们对文章有深入的认识，掌握文章脉络，帮助记忆，提高写作技巧。

《沁园春·雪》是我们非常熟悉的一篇文章，先来回忆一下原文：

北国风光，千里冰封，万里雪飘。望长城内外，惟余莽莽；大河上下，顿失滔滔。山舞银蛇，原驰蜡象，欲与天公试比高。须晴日，看红装素裹，分外妖娆。

江山如此多娇，引无数英雄竞折腰。惜秦皇汉武，略输文采；唐宗宋祖，稍逊风骚。一代天骄，成吉思汗，只识弯弓射大雕。俱往矣，数风流人物，还看今朝。

这篇文章非常押韵，读起来朗朗上口，中小学生往往读几遍就能牢牢记住。但是教学目的应该是希望学生掌握文章的书写结构、修饰手法，了解文章相关的背景以及历史知识等。在学习过程中，学生往往以"背熟"为目的，一旦记住便不求深入了解，学习变成走马观花。利用思维导图梳理文章可以很大程度改善这样不够深入的学习习惯，将每一篇课文精华牢牢地"吃透"。

在画中心图的时候，我觉得整篇文章气势磅礴，我想到了山川、河流、雪花，于是我选用发散性和形状感更强的雪花作为中心图。仔细阅读原文以后可以发现，文章由两部分组成，分别是写景和写人，于是主干便可以画成"景"和"人"。确定好主干以后扩充分支，即对每一个句子进行分析并提取关键字。"北国风光，千里冰封，万里雪飘"是写"北国"，所以画上第一条分支和写上关键字"北国"，"千里冰封，万里雪飘"是对"北国"的进一步描写，因此下一级分支可以分别提取关键字"冰封"和"雪飘"；"望长城内外，惟余莽莽"写"长城"，具体形容为"莽莽"，以此类推，整个写景的主干和分支填充完成。第二段写人用同样的思路，可以将主干发散出"江山""秦皇汉武""唐宗宋祖""成吉思汗"和结尾5条分支，画上配图，这张导图便基本完成。

本张导图总结

将整篇文章去掉连接词，用导图和关键字展示出来的时候，我们可以更清晰地看清文章的脉络，特别是用的修饰手法。在语文考试的时候，往往会给出阅读材料让同学进行分析，这里我们可以看到，第一段的写景当中，北国、长城、大河、山分别采用了比喻和夸张的手法，最后一句用了比喻和拟人；第二段写人当中，用具体的事情进行了列举，最后感叹和充满信心地结束全文。概括起来，可以得出"写景多用比喻，写人用具体事例"的结论，对于中小学生而言，这是比读死书更有效、更科学的学习方法。

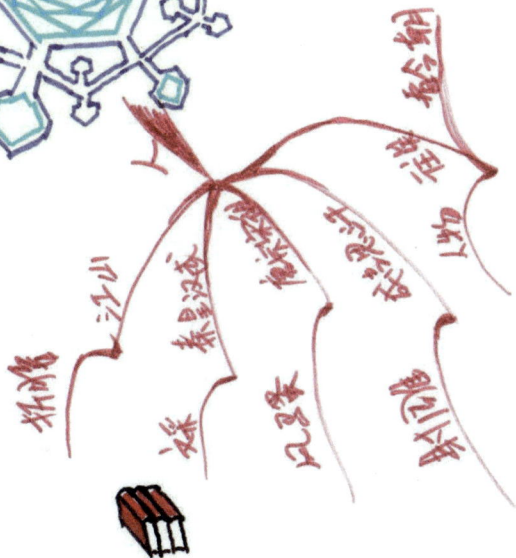

《桂林山水甲天下》

思维导图对于文章的分析就像我们阅读文章的时候画重点符号一样，将重要的句子，精辟的用词划上下划线以便日后写作的时候使用。不同的是，画重点只是提示眼球，下一次复习的时候"看这里"，而思维导图则是将文章精华又整体复习，即"片段"和"整体"的区别。

既然是分析文章《桂林山水甲天下》的一张思维导图，那么导图本身也应该是一幅山水画。动手绘制之前，先来欣赏一下原文，它被收录在人教版小学语文课本中。

人们都说："桂林山水甲天下。"我们乘着木船，荡漾在漓江上，来观赏桂林的山水。

我看见过波澜壮阔的大海，玩赏过水平如镜的西湖，却从没看见过漓江这样的水。漓江的水真静啊，静得让你感觉不到它在流动；漓江的水真清啊，清得可以看见江底的沙石；漓江的水真绿啊，绿得仿佛那是一块无瑕的翡翠。船桨激起的微波扩散出一道道水纹，才让你感觉到船在前进，岸在后移。

我攀登过峰峦雄伟的泰山，游览过红叶似火的香山，却从没看见过桂林这一带的山，桂林的山真奇啊，一座座拔地而起，各不相连，像老人，像巨象，像骆驼，奇峰罗列，形态万千；桂林的山真秀啊，像翠绿的屏障，像新生的竹笋，色彩明丽，倒映水中；桂林的山真险啊，危峰兀立，怪石嶙峋，好像一不小心就会栽倒下来。

这样的山围绕着这样的水，这样的水倒映着这样的山，再加上空中云雾迷蒙，山间绿树红花，江上竹筏小舟，让你感到像是走进了连绵不断的画卷，真是"舟行碧波上，人在画中游"。

通过上一张《沁园春·雪》的绘制，我们已经知道，处理不太长的文章一般按段落绘制主干比较合理。通过阅读原文得知，这篇文章是典型的总分总的结构，第一段说明事由，第二段描写水，第三段描写山，第四段总结。按段落顺序，依次先画出主干"甲天下""水""山""画卷"，绘制的时候分别用了绿色、蓝色、咖啡色、红色代表它们不同的颜色。进一步分析文章第二三段可以清楚地看出，描写水从它静、清、绿三个方面来写，描写山则是从奇、秀、险三个方面，两段结构对称，语言优美。再一步往下发散填充则看出，写水的静则是通过写"流动"来表达，清则写"沙石"，绿则写"翡翠"；山的奇、秀、险三个方面则是通过排比、比喻来描写。最后一段总结文章"舟行碧波上，人在画中游"。通过思维导图的绘制，整篇文章结构和修饰手法一目了然，正所谓一图胜千言。

在这张导图的绘制上，我尝试了传统思维导图和创新思维导图两种不同的方式来表达，第一幅显得干净简要，第二幅则偏向于画成一幅风景画，山的轮廓和河流都变成了主干和分支。

本张导图总结

通过导图的分析我们可以清楚地看到，如果要写水的静，就应该从流动来写；要写水的清，则要从沙石来写；要写水的绿，就应该用翡翠来比喻。不论是提高写作的角度还是文章分析的角度，这种教学方式是从"思维"的维度来解决了教育的问题，让学生真正学到了东西，看似复杂的文章，要求掌握的就是主干和分支表达的内容罢了。也许绘制这样的一张导图你要花30分钟或者更多的时间，读五遍本文只需要10十分钟，但是从学习的效果上来看，显而易见，你用30分钟可以学到写作技巧，文章结构和记住文章，10分钟你只能读懂文章大意，这就是学习品质的区别了。

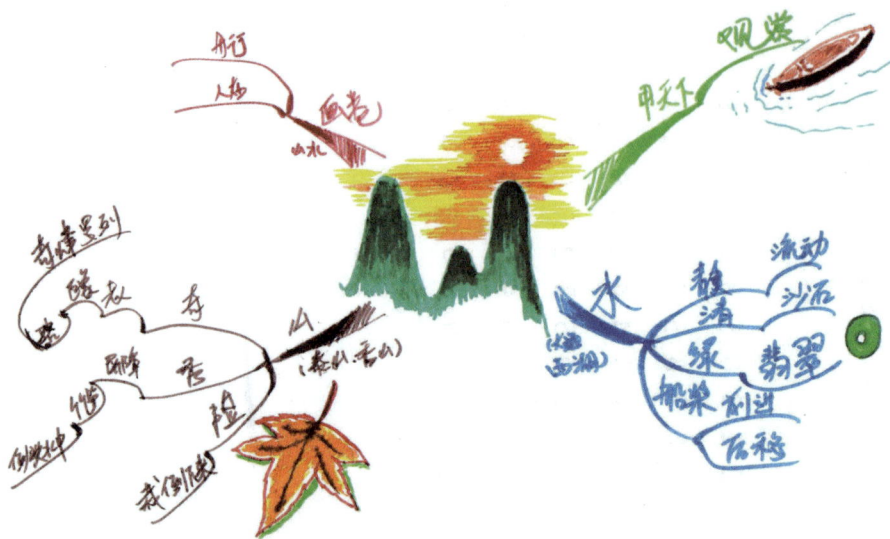

《出师表》（练习）

随着近几年语文的教学改革，考试分数比值越来越重，要求记忆的内容越来越多，语文成为决定成绩好坏最重要的学科。初三阶段的必背课文《前出师表》就被要求掌握每段的意义、文章的结构、历史背景、人物关系等。这里使用思维导图，就能达到很好的梳理效果。

臣亮言：先帝创业未半而中道崩殂，今天下三分，益州疲弊，此诚危急存亡之秋也。然侍卫之臣不懈于内，忠志之士忘身于外者，盖追先帝之殊遇，欲报之于陛下也。诚宜开张圣听，以光先帝遗德，恢弘志士之气，不宜妄自菲薄，引喻失义，以塞忠谏之路也。

宫中府中，俱为一体；陟罚臧否，不宜异同：若有作奸犯科及为忠善者，宜付有司论其刑赏，以昭陛下平明之理；不宜偏私，使内外异法也。

侍中、侍郎郭攸之、费祎、董允等，此皆良实，志虑忠纯，是以先帝简拔以遗陛下。愚以为宫中之事，事无大小，悉以咨之，然后施行，必能裨补阙漏，有所广益。

将军向宠，性行淑均，晓畅军事，试用于昔日，先帝称之曰"能"，是以众议举宠为督。愚以为营中之事，悉以咨之，必能使行阵和睦，优劣得所。

亲贤臣，远小人，此先汉所以兴隆也；亲小人，远贤臣，此后汉所以倾颓也。先帝在时，每与臣论此事，未尝不叹息痛恨于桓、灵也。侍中、尚书、长史、参军，此悉贞良死节之臣，愿陛下亲之、信之，则汉室之隆，可计日而待也。

臣本布衣，躬耕于南阳，苟全性命于乱世，不求闻达于诸侯。先帝不以臣卑鄙，猥自枉屈，三顾臣于草庐之中，咨臣以当世之事，由是感激，遂许先帝以驱驰。后值倾覆，受任于败军之际，奉命于危难之间，尔来二十有一年矣。

先帝知臣谨慎，故临崩寄臣以大事也。受命以来，夙夜忧叹，恐托付不效，以伤先帝之明；故五月渡泸，深入不毛。今南方已定，兵甲已足，当奖率三军，北定中原，庶竭驽钝，攘除奸凶，兴复汉室，还于旧都。此臣所以报先帝而忠陛下之职分也。至于斟酌损益，进尽忠言，则攸之、祎、允之任也。

愿陛下托臣以讨贼兴复之效，不效，则治臣之罪，以告先帝之灵。若无兴德之言，则责攸之、祎、允等之慢，以彰其咎；陛下亦宜自谋，以咨诹善道，察纳雅言。深追先帝遗诏。臣不胜受恩感激。

今当远离，临表涕零，不知所言。

不论是古文还是现代文，只要是文章，朗读和理解应该是第一步，在读顺、读熟和已经了解每段意思的基础上，用思维导图分析古文就和现代文如出一辙了。通过前两张导图的学习，相信各位已经懂得如何分析段落和绘制，下面给出参考译文，请把这一幅导图作为文章梳理方面的练习来认真完成。首先准备好纸和彩色笔，然后一边思考一边绘制，绘制的步骤是：**中心图——画主干并写上关键词——画分支写上关键词——配图**。先读文章划重点，再用导图逐步分析。让我们重返那段美好的学习时光。

先帝开创的大业还没有完成一半就中途去世了。现在天下分为三国，益州地区民力匮乏，这确实是国家危急存亡的时期啊。不过宫廷里侍从护卫的官员不懈怠，战场上忠诚有志的将士们奋不顾身，大概是他们追念先帝对他们的特别的知遇之恩，想要报答在陛下您身上。陛下您实在应该扩大圣明的听闻，来发扬光大先帝遗留下来的美德，振奋有远大志向的人的志气，不应当随便看轻自己，说不恰当的话，以致堵塞人们忠心地进行规劝的言路。皇宫中和朝廷里的大臣，本都是一个整体，奖惩功过好坏，不应该有所不同。如果有做奸邪事情、犯科条法令和忠心做善事的人，应当交给主管的官，判定他们受罚或者受赏，以此来显示陛下公正严明的治理，而不应当有偏袒和私心，使宫内和朝廷奖罚方法不同。

侍中、侍郎郭攸之、费祎、董允等人，这些都是善良诚实的人，他们的志向和心思忠诚无二，因此先帝把他们选拔出来辅佐陛下。我认为宫中的事情，无论大小，都可以拿来跟他们商量，之后再去实施，一定能够弥补缺点和疏漏之处，获得很多的好处。

将军向宠，性格和品行善良公正，精通军事，从前任用时，先帝称赞说他有才干，因此大家评议举荐他做中部督。我认为军队中的事情，都跟他商讨，就一定能使军队团结一心，好的差的各自找到他们的位置。

亲近贤臣，疏远小人，这是西汉之所以兴隆的原因；亲近小人，疏远贤臣，这是东汉之所以衰败的原因。先帝在世的时候，每逢跟我谈论这些事情，没有一次不对桓、灵二帝的做法感到叹息、痛心、遗憾的。侍中、尚书、长史、参军，这些人都是忠贞诚实、能够以死报国的忠臣，希望陛下亲近他们，信任他们，那么汉朝的兴隆就指日可待了。

我本来是平民，在南阳务农亲耕，在乱世中苟且保全性命，不奢求在诸侯之中出名。先帝不因为我身份卑微，见识短浅，降低身份委屈自己，三次去我的茅庐拜访我，征询我对时局大事的意见，我因此十分感动，就答应为先帝奔走效劳。后来遇到兵败，在兵败的时候接受任务，在危机患难之间奉行使命，那时以来已经有二十一年了。

先帝知道我做事小心谨慎，所以临终时把国家大事托付给我。接受遗命以来，我早晚忧愁叹息，只怕先帝托付给我的大任不能实现，以致损伤先帝的知人之明，所以我五月渡过泸水，深入到人烟稀少的地方。现在南方已经平定，兵员装备已经充足，应当激励、率领全军将士向北方进军，平定中原，希望用尽我平庸的才能，铲除奸邪凶恶的敌人，恢复汉朝的基业，回到

旧日的国都。这就是我用来报答先帝，并且尽忠陛下的职责本分。至于处理
事务，斟酌情理，有所兴革，毫无保留地进献忠诚的建议，那就是郭攸之、
费祎、董允等人的责任了。

　　希望陛下能够把讨伐曹魏、兴复汉室的任务托付给我，如果没有成功，
就惩治我的罪过，用来告慰先帝的在天之灵。如果没有振兴圣德的建议，就
责罚郭攸之、费祎、董允等人的怠慢，来揭示他们的过失；陛下也应自行谋
划，征求、询问治国的好道理，采纳正确的言论，深切追念先帝临终留下的
教诲。我感激不尽。

　　今天将要告别陛下远行了，面对这份奏表禁不住热泪纵横，也不知说了
些什么。

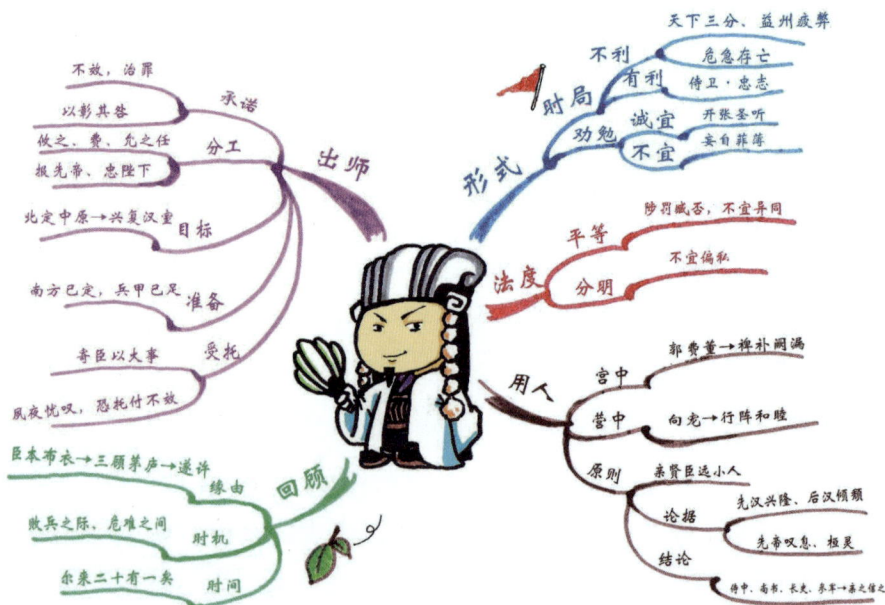

MIND MAP

07
章节单元总结

高中地理·宇宙中的地球

高中阶段的知识学习板块性非常强，面也非常广，就拿地理课本而言，从天文地理再到时令季节都属于学习范畴，要求对知识脉络有基本的了解和对重要知识点的理解记忆。这里我们以人教版高一地理必修课本第一章一二节内容为例，学习用思维导图整理的步骤思路。

对课文章节的梳理我们必须先有一个大概念，就是这个章节讲的是什么，翻看目录是思维导图梳理章节或者整本书的常用方法。看目录的时候应该通篇看整本书的目录，因为通过目录我们可以了解到整本书的整理脉络，大概有哪些内容，而不是仅仅关注要梳理的那一两个小节。课本的目录为：

第一章　行星地球

　　第一节　宇宙中的地球

　　第二节　太阳对地球的影响

……

绘制思维导图的时候很多人会犯的一个错误是，用思维导图照抄目录，这样的梳理只是按作者的思路在"整理"，而不是梳理自己的思路。虽然导图会有和目录类似的地方，也有相同的功能，但不同点在于目录是为了给别人看，导图是给自己看，如果省去自己总结这个环节，导图的分层结构就会大打折扣。

首先，通读一遍长达12页的课文内容后（具体内容请参照人教版高一地理课本），对整个知识构架有了一个大概的认识，第二遍精读的时候在一些概念性和定义性的地方我画上了重点符号，省去了一些不太重要的实验数据。两个小节的内容可以拆分成三个主干，一个是"天体"、一个"太阳系"，然后第二节单独一个主干"影响"。

绘制这张导图的时候，我思考着宇宙是黑色的底色，用来作为高中学习的参考颜色不够鲜艳，于是决定用立体和平面结合的方法来表达这张导图。

中间用PS软件做了立体的地球，再用彩色铅笔在纸上画了主干和分支，最后扫面进电脑两者叠加便成了这张颇有艺术气息的思维导图。课文中重点介绍了八大行星，但是如果添加在主干上我觉得分支略显拥挤，但如果单独画一个主干的话，拓展开的分支都是同样的行星名称罗列，又显得单调，所以在左下角用配图的形式画出八大行星，既好看又特别。最后，再画上调皮的外星人作为配图给这张导图增加生气和趣味性。一对谈恋爱的外星人和一个躲在地球后面不好意思的外星人，还有另一个从远方向她奔去的外星人，不知你发现了吗？

本张导图总结

初高中阶段用导图总结知识点，重点在于脉络的梳理，如果在绘制的时候能添加一些趣味性元素，这样能有效地让学生释放压力，消除紧张。用一张导图总结数十页的内容和传统笔记相比，线性笔记需要花很多页来记的内容用一张导图就能完成，复习起来更加方便和有效果；线性笔记不属于全脑思维，没有充分调动左右大脑的细胞，容易使人疲倦，思维导图能提起学习兴趣；传统笔记翻阅起来麻烦，思路容易断层，思维导图一眼看全局，对知识把握有层次。

MIND MAP

08
笔记与英语学习

怎样记单词

英语学习是困扰很多学生的一个问题，究其原因，大部分是因为记不住单词或者语法而困扰，"怎么记单词"是我作为一名记忆研究者以来被问得最多的问题。在此，我先阐述我对外语学习的心得体会。判断一个人外语能力，首先应该是流畅度，流畅的基础就是单词量。在语言教学中，我们容易忽视的是用了太多时间来练习发音，即使看到单词会拼读，但记不住词义，即使读起文章非常的优美，但实际长时间交流起来能说的话题有限，涉及日常生活以外的话题就开始变得吞吞吐吐。所以，第一步应该是解决单词记忆的问题。对于已经对英语有一些排斥的同学而言，不如试一试下面的方法，也许你会豁然开朗，换一种愉快的心情面对学习。

谐音类：救护车-ambulance（俺不能死）； 怀孕-pregnant（派个男的）；

海关-custom（卡死他们）；雄心-ambition（俺必胜）；

羡慕-admire（额的妈呀）；经济-economy（依靠农民）；

拆分类：贝壳-Shell：she她-ll像筷子，小女孩拿着筷子在夹贝壳；

导游-Guide：gui-de贵的导游请不起；

快乐-Delight：de得-light光亮，得到光亮就很快乐；

人类-Human：hu-man爱吃胡萝卜和馒头才是人类；

通过上面的例子我们可以看出，记忆是有很多方式的，用想象力的方式是记忆学的基本原理。特别是对于中国人而言，我们的象形思维是渗透到基因里边的，当你开始接触英语学习的时候，由于老师的教学风格或者其他因素，也许还没来得及适应拉丁字母的学习就已经被家长、老师批评，最后潜意识地对英语产生了抗拒，造成恶性循环。所以，我们用象性思维能学好英语吗？答案是肯定的，高度调动想象力、观察力，换一种方式提高学习兴趣，对于英语学习困难户而言，也许就是最有效的方法。

这张导图用的标准的表达形式，即主干由中心图发散开，由粗到细；每一个主干和分支用不同的颜色。在绘制这张图的时候先明确我的目的是给中小学生看，让他对记忆单词的方法有个系统的、整体的认识，所以用一个可爱的小女孩做中心图，头上画上各种颜色的花朵代表想出的各种idea。

绘制分支的时候，我首先将记忆方法归类于谐音、拼音、综合、首字母四种分类（详情请搜索"懒人秒记"了解更多），展开画上步骤和例子。除了四种分类以外还有词根、关联、类比等技巧方法，但是为了突出明确前面四个大分类，我将其他所有的技巧归类于"其他"，最后画上整体介绍的主干"概念"，从分支"方法"和"步骤"重新突出重点便完成了整张导图的绘制。

多读

英美发音

汉语或方言

例如

menu（焖牛）

ambulance（俺不能死）

谐音

拆分

全拼或部分

例如

human（胡·慢）

guide（贵的）

拼音

看结构

编码拼音结合

联想

综合

bear（6·耳朵）

shell（她·桌子）例如

联想：依囊品往在月系上

collection

例如（看成月亮）

概念

观察

试读

步骤

发散

联想

谐音 方法

拼音

综合 其他

首字母

宫殿

其他

关注《懒人秒记》

编码

首字母

词义联想

本张导图总结

　　这张导图的颜色渐变效果和女孩头上的花朵是亮点所在，颜色的渐变可以起到提示重点的作用，头上的花朵增加了阅读的趣味性，变化和鲜艳的颜色是博赞先生的导图技巧中经常提到的。这张导图绘制的时候使用的是马克笔（手绘软件模拟），实际在纸上绘制的话效果不会有太大区别。导图也是一个进化的过程，就如它的发展，它的色彩和形式代替了传统的笔记，就如彩色电视取代黑白电视。我认为，有层次、立体的导图比起传统导图更能吸引眼球。

笔记整理初中英语时态

　　时态应该算是英语的一大特点，相比而言中文就简单太多，只需要加上"以前""将来""什么什么过"等词便能表达时间上的关系，而英语则需要搭配固定结构，动词也会有相应的变形。在初中阶段的学习当中，逻辑性的语法表述会让同学感到十分抽象，花了大把的时间来掌握相关内容。比如过去将来时，它被描述为："一般过去将来时表示从过去的某一时间来看将来要发生的动作或呈现的状态。过去将来时常用于宾语从句和间接引语中。一般过去将来时的出发点是过去，即从过去某一时刻看以后要发生的动作或状态。"读完这句话对我而言的感受就是两个字，头晕。这里我们利用思维导图强大的分层结构来对时态进行梳理，作为阅读者，看完这张图以后应该会有清晰的概念；作为画导图的人而言，相信画的过程当中，一定清除理解上的障碍。

这张导图包含的知识量比较大，第一步我明确用简单的方式来表达，加上考虑到要写语法结构，因此分支会比较长，要留出空间，如此一来，便用了时态的英文"Tense"这样一个文字来作为中心图。这张导图在绘制之前必须先打草稿，理清主干和分支的数量才能填写关键字填充。翻看语法书的目录和内容后可以确定，初中英语时态的知识点可以归纳为八大时态，但所有的时态无非都是说过去、现在和将来，因此明确这三个主干就完成了第二步。进一步填充分支一共得到八个时态。作为绘图者而言，通过主干和分支的梳理这一步可以很好地将大脑中的零散信息整理归类，同时也能看出，过去时态较为庞大，因此也是重点和难点，需要花更多时间巩固。画好了分支下一步就是相对简单的填充过程，整个思维导图的绘制当中，主干到分支的思考过程应该是最难的地方。为了自己将来复习起来方便，必须写上语法结构和易错句型，重点地方再配上例句，整个导图的骨架就已经完成。最后检查和画上配图，让这幅图看起来不会太枯燥。

本张导图总结

在梳理体系化知识点的时候，绘制的过程非常重要，它就是逐步打通理解障碍的过程。当你画完整幅导图的时候，再重新回看，你会惊喜地发现，它又一次帮助你进行了很好的复习，同时让这些原本零散的信息有了清晰的整理。打个比喻，就如原本这些零散的信息像漂浮在大海上的行李，很难打捞，也很难数清数量，但通过导图整理以后，仿佛这些行李被分类放进了各个房间，对数量可以一目了然，而你阅读导图的时候，看到的就是这个房间的建筑图纸。

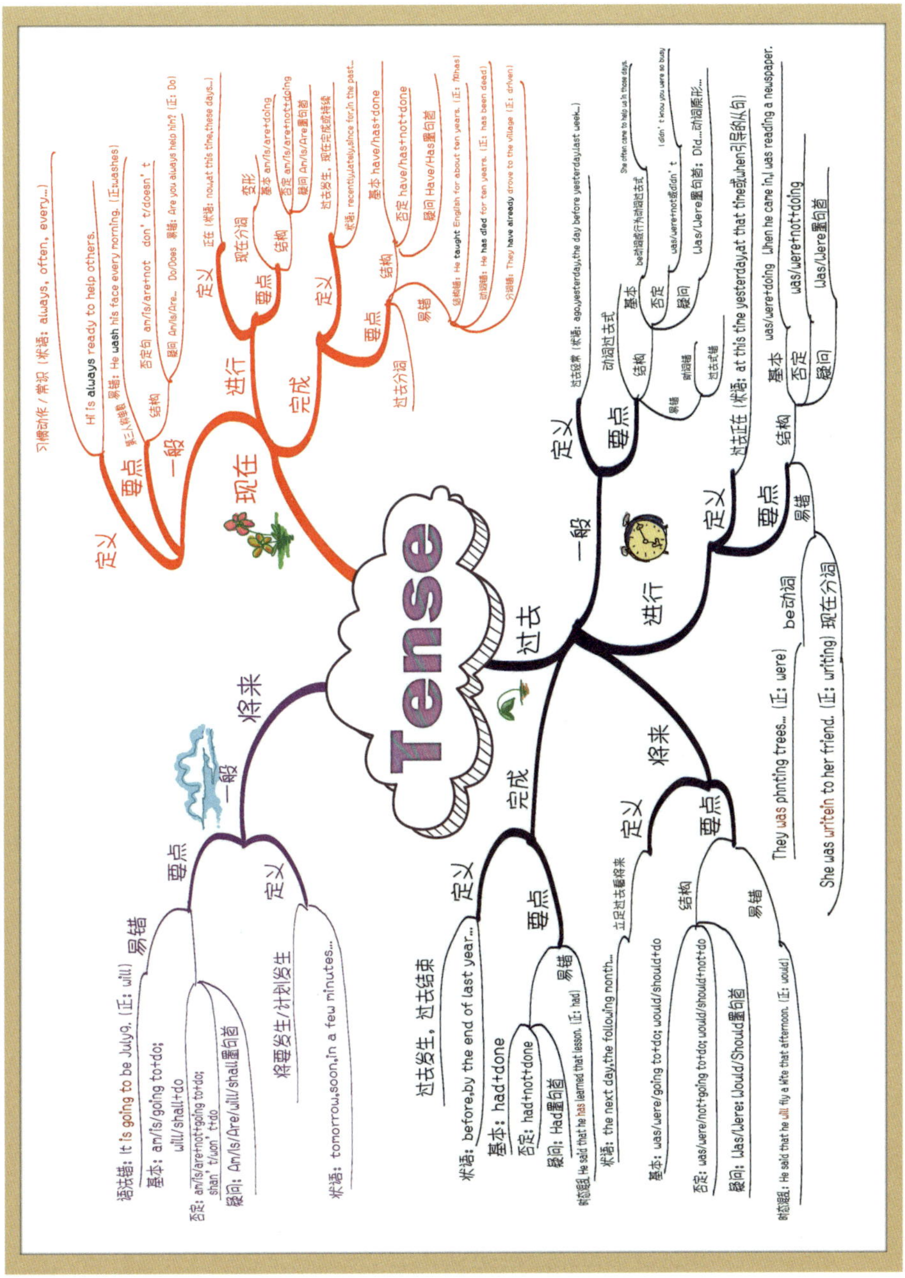

Tense

现在 (present)

一般
- **定义**: 习惯动作/常识 (状语: always, often, every...)
  - H It is always ready to help others.
- **要点**:
  - 第三人称单数 (基础): He wash his face every morning. (正:washes)
  - 结构
  - 否定句: am/is/are+not + don't/doesn't
  - 疑问句: Am/Is/Are... Do/Does �... Are you always help him? (正: Do)

进行
- **定义**: 正在 (状语: now)...this is/these days...)
- **要点**:
  - 现在分词
  - 变形: am/is/are+doing
  - 结构
  - 否定句: am/is/are+not+doing
  - 疑问句: Am/Is/Are+重句首

完成
- **定义**:
  - 过去发生，现在已经结束
  - 把: recently/lately/since for/in the past...
- **要点**:
  - 过去分词: He taught English for about ten years. (正: has been dead)
  - 结构: He has died for ten years. (正: has been dead)
    - 9连接: They have already arrive to the village on the way. (正: arrived)
  - have/has+done
  - 否定句: have/has+not+done
  - 疑问句: Have/Has+重句首

过去 (past)

一般
- **定义**: 过去发生 (状语: ago,yesterday,the day before yesterday,last week...)
- **要点**: 动词过去式
  - 结构
  - 否定句: was/were+not+didn't
  - 疑问句: Did...句首重句首...
  - 过去时错
    - (didn't I know you were so busy.
    - She often came to help us in those days.

进行
- **定义**: 过去正在 (状语: at this the yesterday,at that time,when(引导从句))
  - They was printing trees... 正: were be动词
  - She was writteln to her friend. 正: writing 现在分词
- **要点**: 基本: was/were+doing
  - 结构
  - 否定句: was/were+not+doing
  - 疑问句: Was/Were+重句首
    - When he came in,I was reading a newspaper.

将来
- **定义**: 立足过去看将来
- **要点**:
  - 基本: was/were+going to+do would/should+do
  - 结构: was/were+not+going to+do would/should+not+do
  - 否定句: Was/Were+ Would/Should+重句首
  - 疑问句
    - 时态错误: He said that he will fly a kite that afternoon. (正: would)

完成
- **定义**: 过去发生，过去结束
  - 状语: before,by the end of last year...
- **要点**:
  - 基本: had+not+done
  - 否定句: had+not+done
  - 疑问句: Had重句首
  - 时态错误: He said that he has learned that lesson. (正: had)
    - the next day,the following month...

将来 (future)

一般
- **定义**:
  - 将要发生/计划发生
  - 状语: tomorrow,soon,in a few minutes...
- **要点**:
  - 语法错: It is going to be July. (正: will) 易错
  - 基本: am/is/are+going to+do will/shall+do
  - 否定: am/is/are+not+going to+do shan't/won't+do
  - 疑问句: Am/Is/Are+ will/shall重句首

MIND MAP

09
知识梳理与高效学习

濒危动物与分类

如果一张图能高度概括某个系统知识点，那就能很好地节约时间。思维导图就是这样一张高效学习、高度概括的知识地图。它能将不必要的信息省略掉，用关键字提示我们重点，阅读的人通过看关键字和分层结构，再在自己的大脑知识库当中组织逻辑，推理和还原描述的事物，完成整个学习过程。这就是思维导图高效学习的秘密。它将联系文字的逻辑信息全部省略，让它在读者的大脑中自动化完成，用关键字写出重点。因此，一张图就是一本书，甚至几本书，毫不夸张，就如我们前面举的例子，看到"马尔代夫、婚礼、台风"几乎所有人都会想到马尔代夫举行婚礼的时候遇到了台风一样。然而这里所有的助词、动词等描述都可以被省略。如果用一本书来做比较，就像它百分之百八十的内容都可以被忽略一样。

动物的种类数不胜数，对于每一种动物，大家也有基本的认识，对我们而言较为有用的知识应该是了解一下他们的分类方式和重点保护对象，本着这样的想法我制作了一张濒危动物与分类的思维导图。斑马给我的印象尤其深刻，如果斑马的斑纹能自然形成导图的主干和分支会不会很有趣呢？实际画起来又发现这样画看不出斑马也没有想象中的效果，于是改成了将斑纹伸出身体的形式，由"濒危"想到血液，因此把靠近眼睛的部分画成了红色，制造一种哭泣的感觉；分类属于层级关系，应该是分支一个连一个，然后画上绿色的"动物分类"；最后突出我国的十大濒危保护动物，将每一个动物都画了一个分支，让人在阅读这幅图的时候可以一眼看出哪里是重点信息。

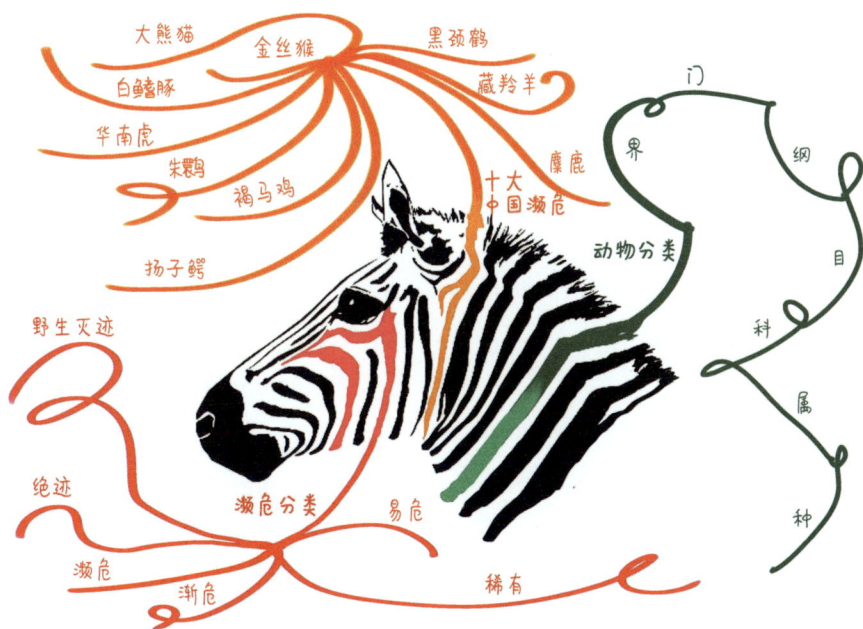

本张导图总结

　　大多数人潜意识比较排斥表格，如果用表格呈现十大濒危动物就起不到梳理思路的作用，思维导图的分支发散方式就像我们大脑的神经元，也像"迷宫游戏"，你会发现跟着线寻找关键字的阅读方式更像是在寻宝，印象深刻，其乐无穷。

中国近代战争

　　说到中国的近代战争，无疑是被侵略、被掠夺的血的历史。我曾经在学习中遇到过这样的问题，各个革命的意义相互混淆，战争后的影响和结果张冠李戴，虽然当时每一章都做了笔记，但还是发生了记忆的信息干扰（参考《超实用记忆力训练法》了解更多）。运用思维导图可以让历史学习变得更加生动，知识板块更加清晰。

　　这是一张画在照片（图片）上的思维导图，只用了几条简单的线条就起到了整理总结的效果，这里我们先看下面两张表格（表一、表二），表格的内容就是导图整理的素材：

表一

时间	事件	条约	危害
1840—1842 年	鸦片战争	《南京条约》	开始沦为半殖民地半封建社会
1856—1860 年	第二次鸦片战争	《北京条约》	半殖民地化程度进一步加深
1894—1895 年	甲午中日战争	《马关条约》	半殖民地化程度大大加深

续表

时间	事件	条约	危害
1900—1901 年	八国联军侵华战争	《辛丑条约》	完全陷入半殖民地半封建社会的深渊

表二

条约	割地	赔款	开埠通商
《南京条约》	割香港岛给英国	2100 万银元	广州、福州、厦门、宁波、上海
《北京条约》	割九龙司地方一区	大量赔款	天津
《马关条约》	割台湾、辽东半岛、澎湖列岛给日本	2 亿两白银	沙市、重庆、苏州、杭州
《辛丑条约》	——	4.5 亿两白银	——

上面的表格讲述了中国近代的四次被侵略的战争，表一讲述了时间和结果，表二则对结果和内容进一步说明。在学习课文和翻看笔记的时候我们常常遇到这样的情况，一个主题内容要翻好几页，查看某个学习过的知识点的笔记也要翻来翻去地看，看完这里又忘了前面的内容，翻查变得特别的麻烦，久而久之潜意识也会开始觉得学习是件疲惫的事情。

阅读两个表格可以发现，只需要三个主干就能总结，即三次性质的战争，其中鸦片战争又分为第一次和第二次，因此可以总结在一个主干上。整个内容让我想起中国封建末期的闭关锁国，西方帝国主义用强大的海上军事力量打开了中国的大门，因此想到了帆船式的军舰，用这张照片可以让阅读者留下十分深刻的印象，进而减少这一套知识板块和其他战争的记忆混淆。这里再充分利用导图的分层结构，将每一次战争进一步说明，写上具体时间和内容等便完成了分支的绘制。

鸦片战争

第一次 1840-42 《南京条约》 开始沦为
割地香港 2100万两白银 开通广州、厦门等上

第二次 1856-60 《北京条约》 割地九龙司 大量白银 开通天津

甲午战争 1894-1895 加速沦为 《马关条约》 割地台湾、辽东、澎湖 2亿两白银 开通沙南、重、...

入围联军 1900-1901 完全沦为 《辛丑条约》 无割地 4.5亿两白银 无开通

本张导图总结

把多个表格或者多个小知识点浓缩到一张导图上是比较常用的功能，它能很好地加深知识板块的印象，区别于其他知识点，复习起来也更加方便。表格千篇一律，但用思维导图则有不同的主题画面。试想你复习整个高中阶段的历史知识，你会拿出三年的课本、所有的笔记，再一页一页地翻阅查找，笔记本上的一条条横线和你自己画的表格会让你的思维变得更加混乱，复习效果极其低下。如果换用思维导图，则相当于欣赏一幅幅不同主题的画面，它会把你带入一个个生动的故事当中。

健脑食物

健身这个概念大家都非常熟悉，但说到健脑，也许会稍稍有些陌生。大脑细胞和肌肉细胞一样也需要锻炼，通过锻炼，可以提高大脑的耐力、韧性，从而使记忆力、注意力、想象力都有整体提升，增强大脑活力。通过"中国超级大脑人才库"的科学家研究表明，锻炼大脑可以增强它的耗氧量，就如刚充满电的电池，使用时电力更加强劲。锻炼的方法主要是联想力训练，另外，食物的合理补充也不可忽视。特别是对于面临升学考试的同学而言，健康的饮食也是让大脑充分发挥潜力的基本保障。

这张导图是我整本书最喜欢的导图之一，为了让读者充分认识脑补食物的重要性以及勾起食欲，我创新地用了拍摄的方式来表达整张导图，换句话而言，这是一张用相机拍出来的创新思维导图。这张导图的整个制作过程是非常有趣的，现在回忆起来，拍摄的底纹布是在某宝网购的，核桃、鸡蛋、木耳、干果和水果都

是在超市采购的，枸杞
是家里厨房的"陈年老
窖"，有趣的是刚好家
里有包腌鱼肉干和鱼形
的小碟子，就这么一套
拼凑起来的"装备"组
成了这张漂亮的思维导
图。这张导图给了我很

大的启发，思维导图必须要"画"吗？其实拍摄和用思维导图软件本质上并没
有区别，在制作这张导图的时候我依然思考着怎么放这些物品，它就相当于导
图中的配图，整个思考过程和用笔绘制的思考过程无任何差异。同样，我用树

枝、叶子不也能拍吗？用橡皮泥捏道具不也一样吗？思维导图激发我们要创造联想创新思维，导图本身不是也能不拘泥于形式吗？

这张导图虽然用了食物来摆设，但它的知识点还是来自书面的总结，我在一本健康饮食的书籍上看这篇脑补食物的推荐，便用导图的形式整理了出来。比起原文的线性罗列式介绍，导图的关键字方式让我简单、明了地明白了每个食物种类的区别以及健脑的原因。

本张导图总结

导图不应该拘泥于形式，只要是有分层结构、发散思维，美的导图就应该是一张合格的导图。我常常网上搜索看到很多密密麻麻关键字的，或者全是分支毫无变化的所谓思维导图的导图，但我认为那算不上合格的导图。当我看到这张导图的苹果、葡萄、鱼肉、鸡蛋的时候不禁勾起了我的食欲，它给我留下的深刻印象，正是思维导图应该具备的基本要素。

驾驶考试

有过驾考经历的人应该都知道，那是一个相当磨人的过程，学员人数多，考试烦琐，练车时间短，练车场地远，个别教练态度差等问题。这张图整合了目前正在实行的考试规则、内容以及步骤，希望通过阅读这张导图让即将学习驾驶的读者减少过程中浪费的时间。

从驾驶考试的步骤而言，本来就被分为科一、科二、科三和科四，因此主干的绘制十分明确，即按科一到科四画出四条主干即可。制作这张导图的时候，我的出发点是让更多的人，即将学习驾驶、正在驾驶考试的人，包

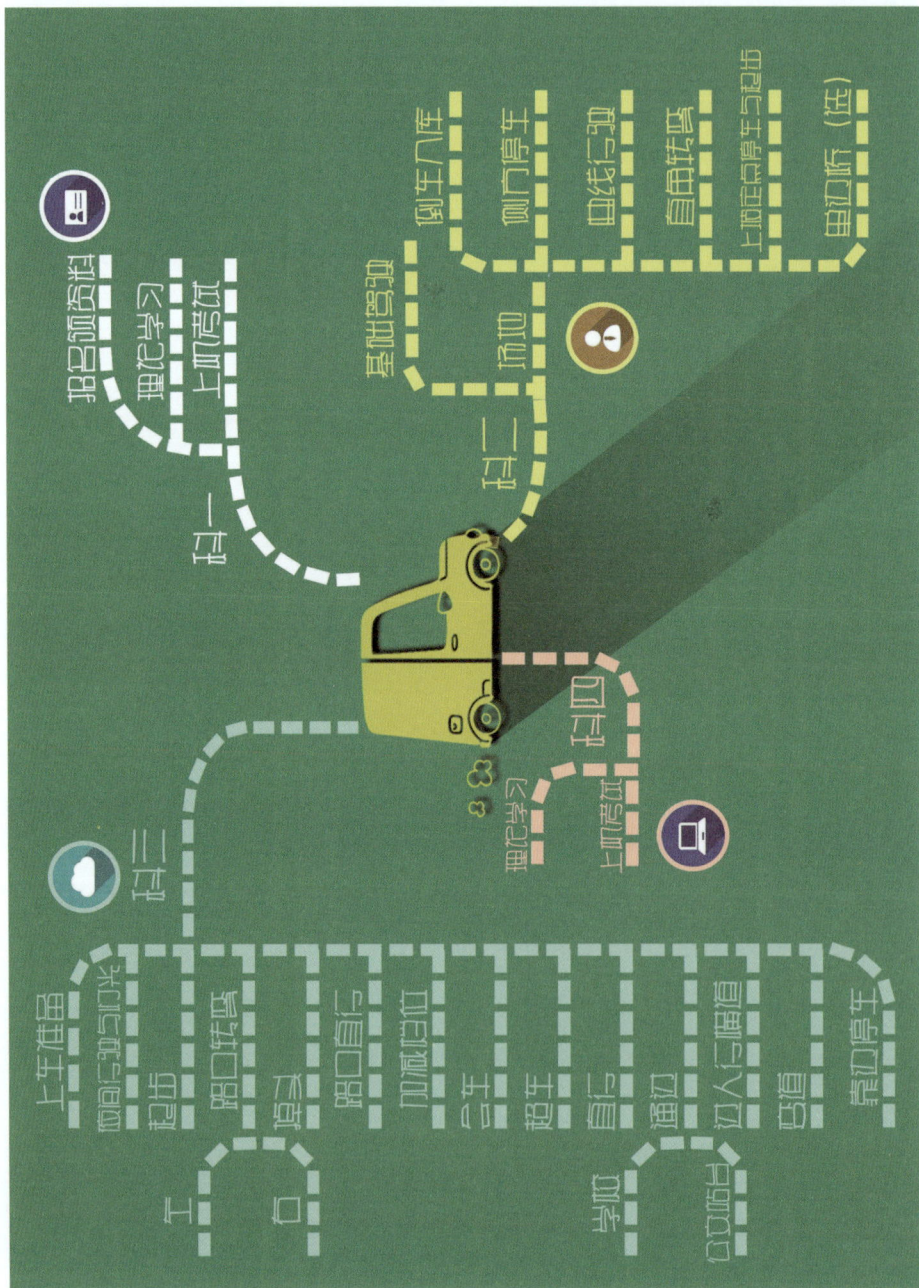

科一
报名领资料
理论学习
上机考试

科二
基础驾驶
倒车入库
侧方停车
曲线行驶
直角转弯
上坡起停车与定点
坡道停车
窄路掉头（桩）

抓地

科四
理论学习
上机考试

科三
上车准备
灯光模拟与灯光
起步
路口转弯
换挡
路口直行
加减挡位
靠边停车
会车
超车
直行
通过
边行人行道通道
跟车
靠边停车

学啊
OO哈啦

括不懂思维导图的人看到这幅图，帮助到他们，为此我用了比较清晰明了的线条和整体设计。整张导图是用Photoshop软件（简称PS）制作的，这是一个平面图形设计软件，并非思维导图软件。用它能设计出现在比较流行的扁平化设计（手机图标），同时，用PS制作的图片既清楚又不占储存空间（几百KB即可），便于保存。在中心图画上小车后用阴影处理体现层次感，四条主干分别从中心向外发散，这里我用了比较有趣的路面上常见的行车虚线来表示，使得导图整体看上去像一个停车场或是马路，增加主题意境。这张导图拓展分支的过程相对简单很多，翻阅任何一本驾驶学习手册或者网上搜索就可以理出每个科目考察的内容，因此分支按内容逐一列出并写上关键字就已经基本完成。在配图方面，科一让我联想到报名表、体检和背书等，因此加上配图"证件"；科二驾驶学习让我联想到人多拥挤的痛苦经历，因此配图为"人"；科三内容最多，在绘制的时候如果按顺时针接在科二后画的话会显得比较拥挤，因此灵活地移到了左上角，整个练习驾驶的过程是风雨无阻、时间漫长，因此配图用"云朵"表示；最后科四是最轻松的一科，即计算机做题，因此画上配图"计算机"，整幅思维导图完成。

本张导图总结

这张导图的绘制和思考步骤本身非常简单，仅将每个科目的具体考试步骤用思维导图的主干分支结构呈现出来即可，相当于把抽屉里的东西放到盘子里。但是对于阅读者而言，这一张图能够让我们对整个驾驶学习过程一目了然，尽收眼底，就如同登山，在山林中的时候难免迷茫，在山巅便豁然开朗，一览众山小。

中国民间艺术

说到中国元素，我们不禁想起中国结、风筝、古筝、水墨、武术等词。
如何比较系统地、有条理地向外国友人介绍这些中国名片？我想到了用思维
导图。思维导图在国外已经十分普及，用一张带有中国风的导图让外国人对
中国文化产生兴趣并记住它们，便成了我设计的出发点。

中国的民间艺术包含方方面面，有的看得见摸得着，有的有声有味。将
民间艺术这一主题用思维导图的形式表现，我一下子想到了大红色的剪纸
艺术。中国的剪纸工艺技法高超，贴在窗户，压在桌面，挂在墙上都是逢
年过节中国家庭的特有风景，因此，我大胆地用剪纸的方式来制作了整张
思维导图。猴子在中国有着吉祥的寓意，中心图用剪纸做了猴子捧桃的图
案，由于剪纸的复杂性和专业性，所以这张导图还是用PS软件设计了整

个图形。

确定风格和主题以后就是对知识脉络的整理，民间艺术种类多样，分类繁多，查阅资料后可以将主干整理为："编织""绘画""扎糊""表演""雕刻""剪刻""塑作""染织绣""其他"九个大类别。根据内容，这里在展开分支的时候都比较"收敛"，由于每一个大主干下的分支数量都差不多，所以在绘制的时候特别注意它的平衡感，最后再写上不同颜色的关键字。初步完成的时候整张导图显得比较空白，剪纸的特点也没有很好地体现，所以再加上一个花边边框增加了整体感。

本张导图总结

如果将这张导图的主干和分支关键词依次抄写下来，我们会发现和"目录"没有太大的差异，但是回看这一列列出的目录又会让人感到非常乏味。这张导图的目的是为了介绍中国文化，提起兴趣，因此导图式的展示会比单独的文字更有吸引力。导图设计本身就展示着剪纸艺术的魅力，本身就是一张剪纸作品。在这张整体为大红色的导图上，考虑到阅读的舒适感，关键字用了不同的颜色，如果用黑色字体，阅读的时候既容易看漏也不能突出重点。

汉字

汉字应该是世界上最有智慧和魅力的文字，也是现在唯一还在使用的象形文字。小小的汉字包含着多元的词义、深刻的内涵、有趣的传说、历史的故事和华夏的文明。我希望通过这张偏旁部首拼凑成的思维导图，展示汉字包罗万象的内涵和魅力。

毫不夸张地说这是本书所有导图当中我最满意的一张，黑白红三个颜色犹如一篇书法作品，刚劲的笔墨书写在雪白的宣纸上，再落款朱红色的印章，一个字似一幅图，整幅图似一张画，越是欣赏，越是沉陷其中。整理我大脑当中的汉字知识点时，我想到"甲骨文""信息量大""书法""影响""字体"等信息，通过草稿整理后可以确定"发展""特点""文化""影响"四个主干。确定主干的方法就是将想到的具体关键词进行分类，比如"书法"属于衍生出来的"文化"，同样向这个方向去思考的话想到"字谜"，"百家姓"也是属于相同性质，因此确定主干"文化"；相同的方法，想到汉字的发展，从它的发现"甲骨文"到一步步统一，进化到"篆体""楷书"等，"经过"是必须传达的信息，因此确认主干"发

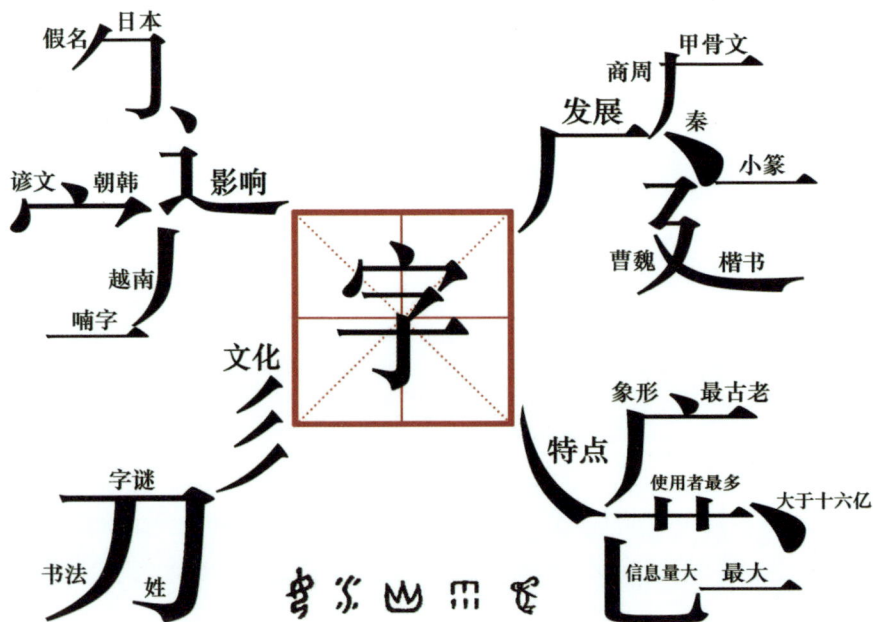

展"；剩下的"特点"和"影响"也是相同的思路总结得出，就如将一箩筐鸡蛋装进一个一个的盒子当中一样。

设计这张导图的时候我想，既然是归纳汉字信息的导图，中心图就应该是一个汉字，但是单独用一个汉字又略显单调，于是加上一个米字格一下就突出了重点。如果用线条绘制分支的话显得太过普通，又破坏了整体设计的思路，于是想到用拆分汉字的方法将偏旁部首用来做分支主干，既有新意又漂亮。整张导图写上关键字以后，在下方用甲骨文象形字体的图案做了配图装饰，标题上也突出"汉字"二字，用红色字体并加上圆圈制造出圆形印章的感觉，增加美感。

本张导图总结

红色米字格的放射性线条加上黑色的汉字显得画面非常厚重，这张导图将"发散"的思路用到绘制上，用汉字偏旁的多样性取代线条绘制主干。简而言之，是用汉字本身的魅力诠释汉字的知识，用汉字的博大精深表达思维导图，没用任何一个汉字以外的元素参与设计，仿佛汉字自己在说："我们一个字就是一幅图，我们用偏旁也能造出一幅图，我们通过组合造出新的字，字的组合产生新的词，这就是我们的智慧、华夏文明的智慧。"

从汉字造字这一点上可以看出，它和思维导图中运用的发散思维，完全一致，两者皆是全脑思维智慧的结晶。

中华文化

中华文化历史悠久，包罗万象，即使是一张思维导图也无法涵盖它所包含的所有信息，如果导图也分写实派和写意派，那么这就是一张写意派的思维导图。它用它的意境传达着中华文化博大精深之美和导图的自由变化之美。

与其说这是一张思维导图，不如说它是一张像思维导图的画，中心图的"龙"是中华文化最具代表的元素，也是中华文明的图腾，这幅图也是我耗时最多的作品。

在绘制之初我尝试着将龙的身体自然转化成主干和分支，将中华民族的精神雄壮地展示给导图的读者，特别是外国读者。但我发现不论怎么设计龙飞舞的身体，都无法很好地表达众多分支，因此改画祥云为主干分支，试图营造飞龙腾云驾雾形成导图的画面。确定思路以后就开始整理相关的知识

点。说到中华文化，我认为可以从两个大的分类展开，一个是摸得着的"物质类"，一个是摸不着的"非物质类"，中心图用两条龙分别表示。说到摸不着的非物质文化，我想到了道教、佛教、曲艺、饮食、民俗、舞蹈等，但是这样一张思维导图已经无法更细化地展开，因此我转变了设计思路。如果把这张导图做成一张主图，就像一本书的目录，然后再分别将其他分支画成独立的导图，这样也能体现中华民族宏观思维的思路。通过用简单的线条画出思维导图的草稿，确定分支后就画上祥云，用粗犷的笔触使画面显得更有厚重感，分别画出物质类分支"饮食""建筑""医药""服饰""工艺"和非物质类分支"宗教""文字""艺术""民俗"。

我曾经听一位日本思维导图大师说，导图的真正精髓就是画图的乐趣，我想，这张双龙戏珠应该算是体验了这样的精髓吧。虽然我花了较多的时间来绘制这张导图，但它带给我了无穷的魅力和享受，思考构图、思考主干、思考展开，这一系列的设计过程超越了单纯绘画带来的乐趣，它将知识的思考和右脑绘图想象无形地结合起来，让乐趣变得更有趣，让有趣变成学习，这确实是它的精髓所在。

本张导图总结

我推崇不拘泥形式，跳出固有思维想问题，同样，思维导图的固有形式也不是一成不变的，它能和工作、学习、兴趣结合，这不正是我们思维训练的目的吗？它可以是油画、是素描、是速写、是水彩、是水墨，用不同的载体针对不同的人讲述不同的故事，这也应该是一种优质的运用。

急救知识

本章既然是讲用思维导图学知识，那么除了课本上的一些和考试相关的知识，对于大多数成人而言，什么知识是最有价值的？是必须掌握的？我想，应该是急救常识。珍惜眼前的每一天是一种积极、乐观、快乐、感恩的生活态度，当意外发生的时候，如何理智、淡定地处理问题，也许正是因为我们记住了这些急救处理的常识，为挽救亲人、朋友争取了宝贵的时间，这就是我们学习这张导图的意义。

在网罗这篇导图知识点的时候，我在网上搜索了大量信息，但是，每一篇信息都显得比较零散，有的写得太过详细，有的又一笔带过，东拼西凑，没有重点。看过若干篇急救常识的文章以后，我头脑中有了大概的框架，将最主要、最常见的情况罗列出来，将其他对急救方法要求不高，或者几率较小的情况省略掉。比如，农药中毒、砒霜中毒、酸碱伤眼、地震、灼伤等，上述情况我们一般遇到的概率不高，或者说有基本处理的常识，于是这样的信息在画这张导图的时候被我省略掉了。反之，心脑血管、吸入异物、动脉出血等这种对处理方式和时间有特殊要求、直接关系到性命的情况，我将它重点罗列出来，特别是最常用的心肺复苏方法，它包含人工呼吸和心脏按压，因此着重用区别于其他主干的颜色来绘制，以达到强调的效果。

生命离不开水，因此用水彩的方式画上水滴作中心图，再将整理的急救板块知识重点罗列出"心脏病""高血压""蛇咬""吸入异物""停止呼吸""动脉出血""触电"七个主干，"心肺复苏"单独列出。在整理信息的时候，网上的文章还罗列出"溺水""煤气中毒""昏厥"等的急救方法，他们的共同点都是需要采取心肺复苏的急救方式，因此我将这类信息归纳在主干"停止呼吸"当中，再画上大箭头指向"心肺复苏"。

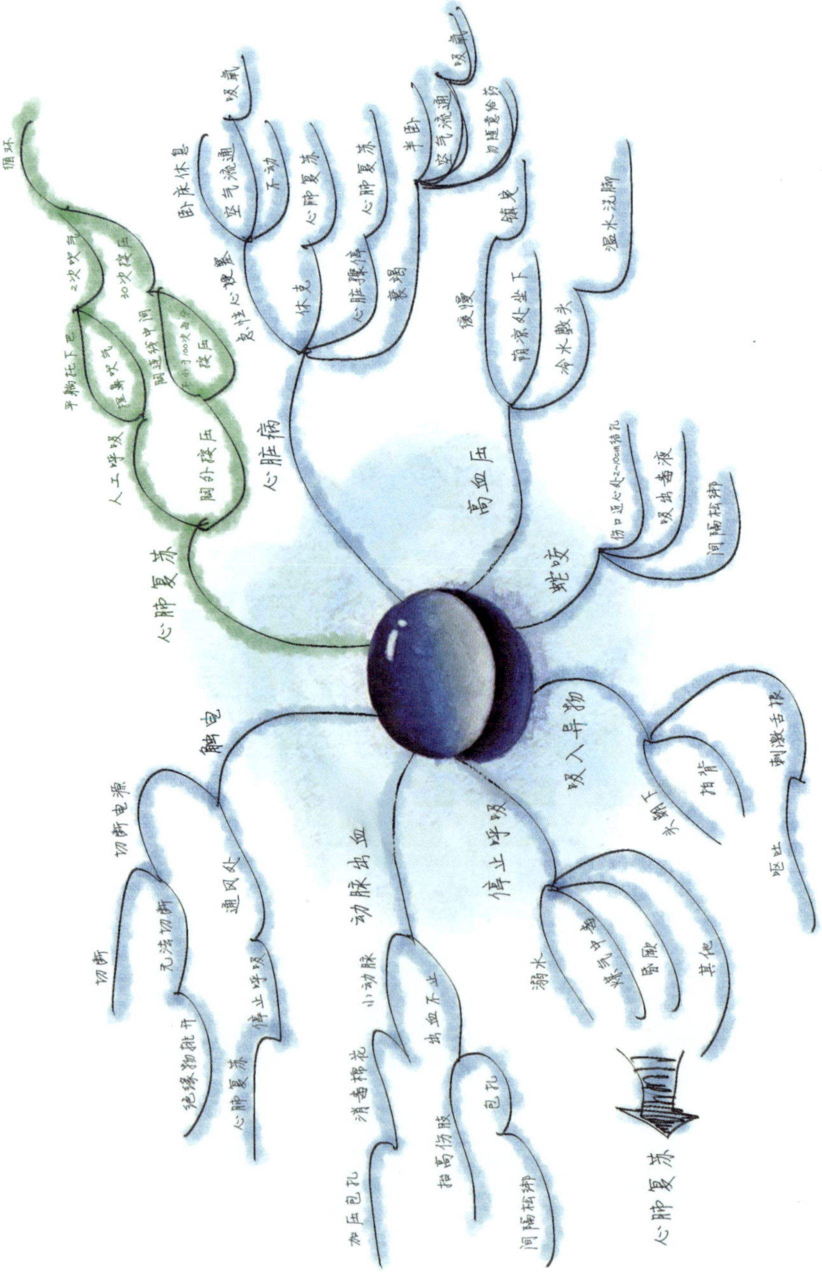
心肺复苏
人工呼吸
胸外按压
循环
心脏病
休克
心脏骤停
表现
卧床休息
空气流通
不动
吸氧
心肺复苏
半卧
高血压
头晕
背靠处坐下
冷水敷头
温水泡脚
蛇咬
吸出毒液
间隔捆绑
吸入异物
指背
刺激舌根
呕吐
停止呼吸
溺水
煤气中毒
昏厥
其他
心肺复苏
动脉出血
小动脉
出血不止
消毒棉花
加压包扎
包扎
抬高伤肢
间隔捆绑
触电
切断电源
通风处
停止呼吸
心肺复苏
切断
无法切断
绝缘物挑开

在"心肺复苏"的分支上，必须重点说明两步，即人工呼吸和胸外按压是交替实施，人工呼吸的步骤必须是先让伤者平躺，托住下巴，同时捏住鼻子吹气。在思维导图上，可以看到两个分支又汇在一起，再展开进一步说明这一套动作要吹气两次；同样，胸外按压也是先找到胸部连线中间位置然后快速按压，两条分支汇合后新分支展开说明这一套动作需要按压30次，最后和刚才的"两次吹气"分支再合到一起展开标示"循环"，即两次吹气加30次按压，循环直到伤者恢复意识。如果用文字来解释就应该是一段比较长，又不容易弄明白的枯燥解释，很难弄清顺序，大脑中也很难有画面感。

在思维导图的绘制过程中，像这样分开又汇合的情况并不少见，我们应该学会阅读的同时懂得这样的绘制方式，让思维导图精简，层次清晰。

本张导图总结

比起大段的文字介绍，思维导图的分层结构能很好地表示顺序、步骤和时间关系，阅读文字时容易产生的逻辑混乱用思维导图却一目了然。我们阅读文字，一般需要读完大部分才能清楚作者想表达的重点，如果要把重要的知识记录下来，也需要反复阅读和勾画重点。然而思维导图让你在第一眼看到它的时候就能清楚整个知识的脉络和重点，让你层次清晰地了解全局，它的分层结构让我们学起知识来更加容易理解。

扑克牌记忆方法

锻炼记忆力的人都知道，不管是江苏卫视最强大脑的选手还是普通的记忆训练爱好者,所有参加世界脑力锦标赛的选手都懂得扑克牌的记忆方法,这是提升记忆力、专注力、联想力的一个重要练习方法。在生活当中,我常常遇到一些棋牌爱好者向我询问扑克牌的记忆方法,如果你通过前面的内容已经对思维导图的阅读驾轻就熟,那接下来这张导图将为你解密扑克牌记忆的秘密,带领我们进入数字和花色的奇妙世界。

为了增加这幅导图的神秘感,在构思设计风格的时候我脑海中浮现电影中赌神坐在桌旁飞牌的霸气场面。这又让我脑洞大开,如果把思维导图做成动态的画面,那一定也是相当酷的事情,只可惜我没有制作动画的知识基础,只好回到这平面的画面上来绘制这张导图。所以,我用桌面的青绿色作为这张导图的底色,画面两边加入真实的扑克牌照片,试图营造出牌桌上的感觉。按我原来的思路,我打算在中间做一个筹码,然后再把牌叠起来摊开作为主干分支,但后来我还是放弃了这个想法。原因是思维导图的绘制过程实际上是一个不费时的简单过程,我想强调导图的创新和变化,但也不能让读者误认为绘制导图是一件非常麻烦耗时的技术活。综上所述,底色上我就用了简笔画的方式绘制了这张导图,并用了统一色调白色。

说到扑克牌的记忆方法,按步骤了解应该分成四步:第一步主要明白原理;第二步是创造记忆工具;第三步是开始练习;第四步是精进提高。按步骤划分后这张导图的绘制就变得十分简单,只需要将每一步扩展详细说明就能完成。由于第一步内容较多,因此预留出较多的空间绘制。

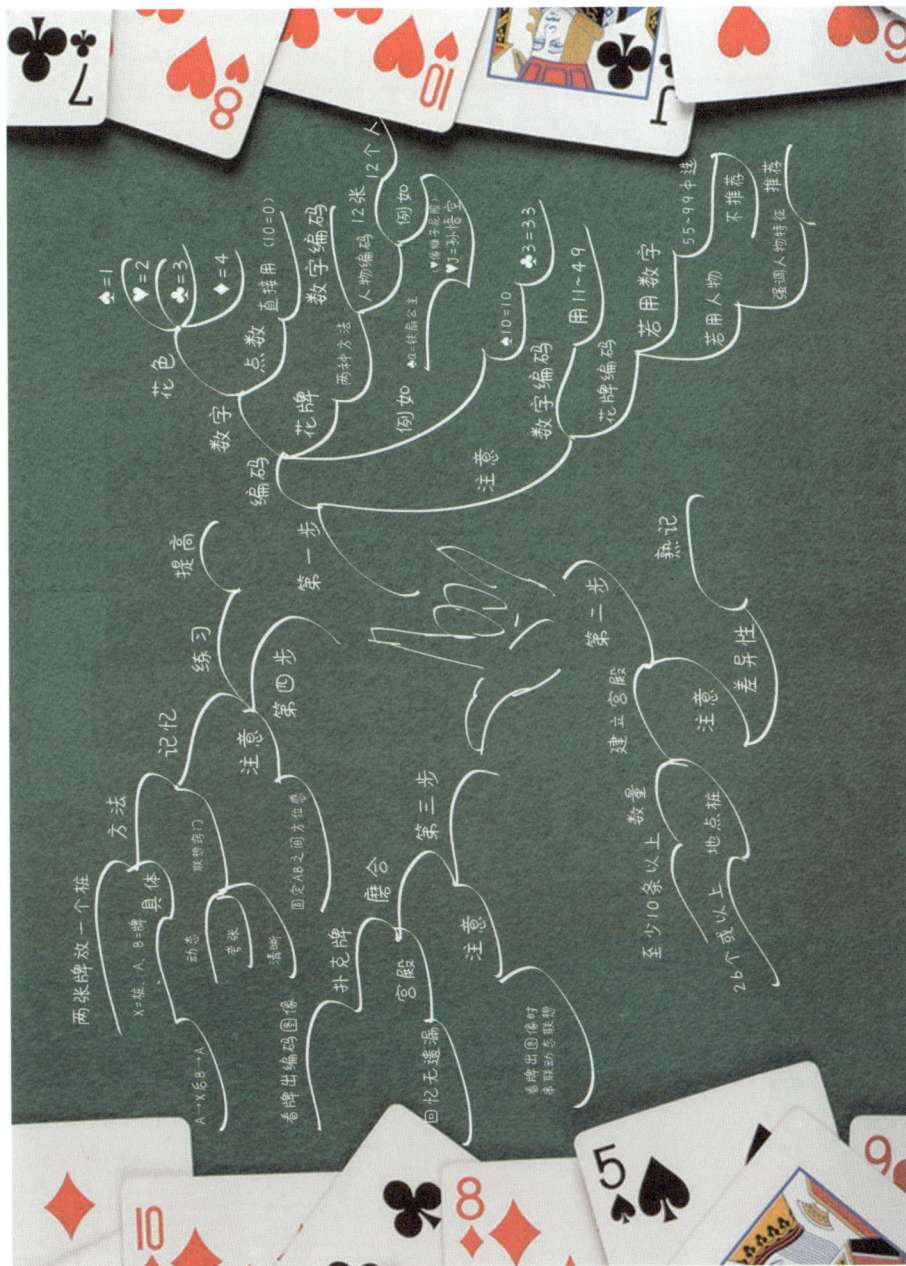

扑克牌

编码
- 花色
  - ♠=1
  - ♥=2
  - ♣=3
  - ♦=4
- 数字
  - 点数直接用 (10=0)
- 数字编码
  - 两种方法
  - 人物编码 12张（例如 ♣Q=白雪公主）
- 花牌
- 数字编码 用11~49
  - ♣3=33
  - ♠10=10
- 花牌编码
  - 若用数字 55~99中选 不推荐
  - 若用人物 强调人物特征 推荐

注意

提高
- 练习
- 记忆
  - 方法 具体
  - 两张牌放一个桩
    - A×16B=A、X×16B=A
    - 动态、意象、清晰、联想窍门
    - 看牌出编码(影像)、固定AB之间位置感
    - 回忆无遗漏
  - 第一步
  - 第二步
    - 建立各阶
    - 注意 差异性
    - 熟记
  - 第三步
  - 第四步
    - 注意
  - 混合
    - 各阶
    - 注意
    - 看牌出影像时 串联动态想象力
  - 数量 至少10条以上
  - 地点桩 26个或以上

本张导图总结

这张导图的特点除了设计外观独具特色外，从导图的结构来看，它采用了按步骤绘制主干的方法。在用导图总结某些训练、流程、工作等内容的时候，用第一步到最后一步的方式总结绘制是最直接的方法。绘制完成以后，我们不但可以清楚地看到具体某一步的操作方法，同时也能相互对比，找出中间有可能存在的问题。以往的文字阅读我们只能从头读到尾，然后大脑再反应出相应的前后逻辑关系，但这样便很难发现其中的难点和问题，而思维导图分层加关键字的方式让有可能存在的问题暴露无遗。

自学记忆术

说到自学记忆术，它的内容量要远远大于上一篇《扑克牌的记忆》，它是对一种能力的掌握，是对一个新知识的系统学习，因此逻辑性和步骤以及整体概念是作为思维导图必须重点表达的内容。

这是一张手绘与打印结合的导图，将自学记忆力推荐书籍《超实用记忆力训练法》作为中心图用A4纸打印出来，然后用彩色笔手绘主干和分支。这里将书的封面直接打印是为了让读者对推荐书籍有更直观的认识，用手绘意在强调记忆力练习形式上的随意性。记忆力的学习切勿走入一个误区，那就是将"定桩法""编码法""串联法"等记忆技巧死板地理解为处理某种信息的唯一方式。实际上，你完全不用在意这些技巧的称呼，**快速的记忆总而言之就是灵活二字，它的内核就是"想象力"和"工具"**。同样的内容，我们用所谓的"定桩法""编码法""串联法"等都可以记，只是用哪一种最优化，这是我自己在当初接触记忆学时遇到的问题，并且这个问题困扰了我很久。看书上讲解如何把这段诗词拆分记忆，如何用定桩记住这些物品顺序的时候，我就在想："书上列举的这段材料刚巧可以用这样的方法，但是记其他诗词这个方法行不通啊！"事实上，我们需要的是对记忆术先有一个系统体系的了解，然后再进行针对性地训练，而不是看某个具体的例子，由于不懂得核心内容，大部分人是无法做到举一反三的。因此，绘制整理这张导图内容的时候，我以自己初识记忆术到现在运用记忆术到各个学科的经历为例子，将主干分为"阅读""练习""具体操作""运用"四步来绘制，并标上编号说明阅读顺序。

展开第一步"阅读"的时候，我总结了我看过的记忆术相关书籍，那个时候我几乎将所有和记忆术、记忆心理学相关的书籍以及网络资料都收罗了一通，我的感触是，每一本书都有讲到的要点，但是没有一本书将记忆术的核心内容讲透。通过初步的阅读，我对记忆术的体系框架有了大概了解，因此，用分支"书籍"和"目的"进行概括。剩下的三个主干展开方式也如法炮制。最后为了让整张图有些生气，因此画上蝴蝶和小花作为配图。

本张导图总结

学习某个系统知识的时候首先了解它的整个体系应该是第一步，这相当于到一个陌生的地方去旅游，我们必须先看一下目的地的地图，如果不看地图盲目地行走，这样会产生对未知的不安心理，也容易迷路，整个旅行的体验会因此大打折扣。因此，当我们阅读一张思维导图的时候，它强大的信息量能让我们初识这个体系，同样，绘制的时候我们也应该注意层次的分明。

超实用记忆力训练法

① 预习

③ 复习

③ 运用

④ 怎样操作

文明

为什么思维导图如此风靡？这只有绘制过的人才能体会，它的伟大和乐趣都在于绘制的过程、思考的过程以及完成后的成就感。如果说这张导图是在自家地板上拍出来的你信吗？纸笔可以构成一张思维导图，火柴同样能做思维导图，导图本身的内核并不在它的形式，而是思维。

提到"文明"一词，我立马想到刀耕火种的画面，人类文明源于火，所以我设计了这张用火柴棍来摆拍的思维导图。我原本设计用不同颜色的火柴来摆拍，但又担心看不出来是火柴，再加上彩色火柴很难买到，涂料加工又太花时间等原因，最后放弃了这个想法。归根结底，导图的使用应该是"方便"的，如果太过耗时，也失去了它"高效"的含义。

虽然这是一张不同形式的导图，但我只是按事先画好的草稿的样子，用火柴棍来表达而已。整个知识的整理也十分简单。文明一般被历史学家分为"古典时期"和"古代时期"，因此马上确定了这两个主干，但我们也对"亚特兰蒂斯"等传说中存在的文明有所耳闻，这些文明由于尚无确切的证据证实，不能将他们归于前面的两个主干中，因此添加了独立的主干"失落的文明"。

确定全部主干之后再展开是一种比较科学的绘制方式，它限定我们的思考步骤，即先总结大分类，再统一展开，这样的方式有利于我们思绪的梳理。比如，裁缝做三件衣服，他的步骤应该是先裁好每件衣服的布料，再缝制和拼接，而不是只裁好第一件衣服的布料，剪切第一件衣服的零件，缝制完成第一件衣服再开始做第二件，完成以后再做第三件，这样会造成布料和针线的浪费。绘制导图的时候，根据具体内容的不同，按照更加科学的步骤能节约更多的时间以实现效率的最优化。

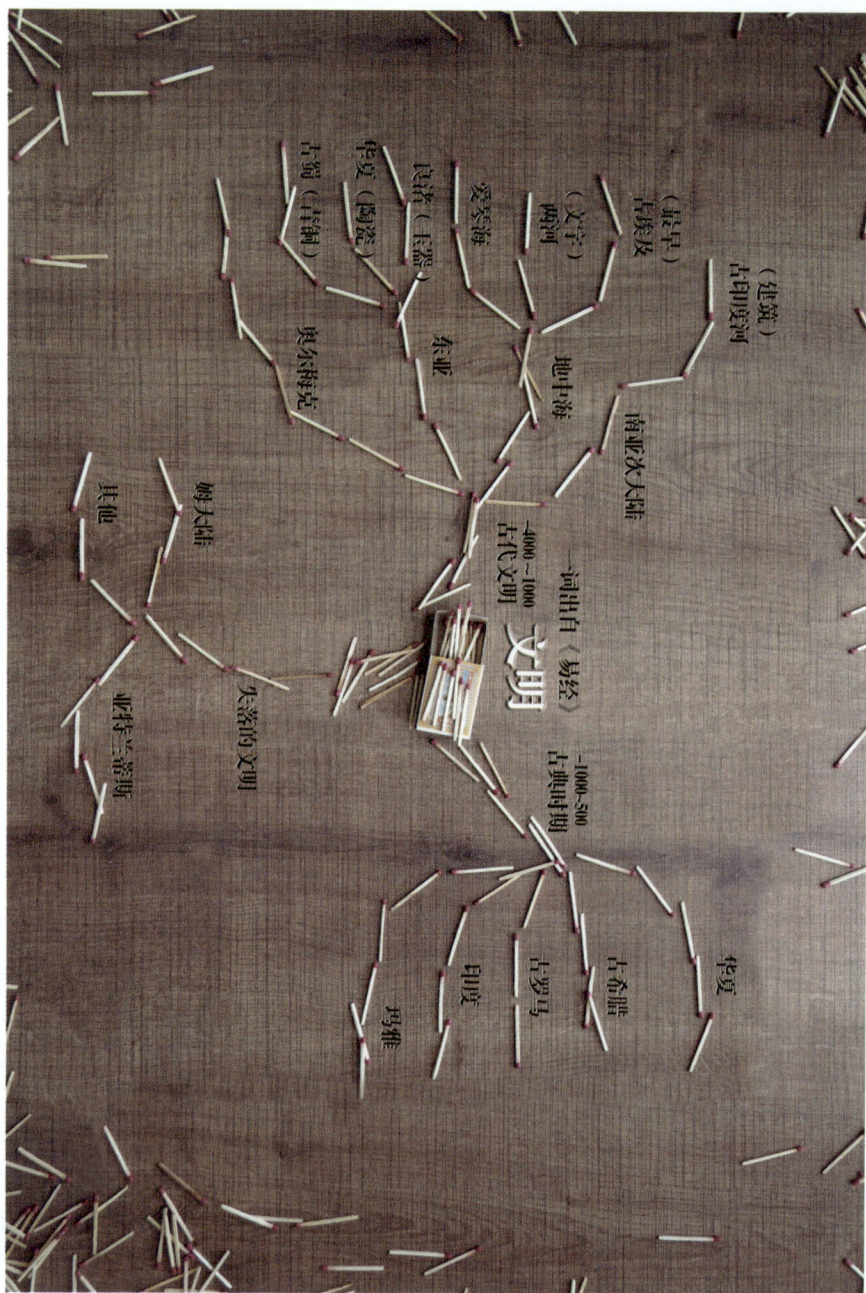

本张导图总结

用一根根火柴来拼凑导图的主干和分支是这张图的特别之处，从内涵而言，在总结知识点的时候，将一些特殊的内容单独用一条主干来绘制，既能增加印象，又能将它从其他知识当中脱离出来，减少了它对主要知识点的干扰。

丝绸之路

一直以来，我对丝绸之路的概念非常模糊，但当我看过纪录片《玄奘之路》和百家讲坛《国史通鉴》之后，不但对它有了大概的了解，还对它产生了浓厚的兴趣。这张导图的知识点应该可以说是我对这两部纪录片中丝绸之路部分的观后感。丝绸之路作为中国文化传播史上最重要的知识板块，是每一个中国人都应该熟悉的内容。

梳理丝绸之路，我们就应该先把大的概念弄清楚，广义的丝绸之路和狭义的丝绸之路分别指的是哪条具体的线路。通过上网查阅资料和结合两部纪录片当中提到的信息，可以明确，广义的丝绸之路指三条经商的通道，即第一条从古代长安开始一直到东欧，狭义的丝绸之路就是指这条通道；第二条是中国沿海出发经海路到欧洲的海上丝绸之路；第三条是被比喻为南方丝绸之路的茶马古道，因此确定这三个主干。

第二步展开描述的时候，狭义丝绸之路是重点内容。在看纪录片的时候，我听到了玄奘不惧艰难依靠信念历经十七年往返丝绸之路取回真经的故事，也听到了张骞历经万难开辟丝绸之路抗击匈奴的故事，在故事中常常听到的一些地名以及一些少数民族的名称，这些零散的信息构成了我对丝绸之路的大概印象。我将这些词写在纸上以后发现，可以用三条分支来概括，一是这条路上的代表人物以及他们的故事；二是它形成的时间；三是它经过哪些地方。有了这些信息的了解，基本就能还原丝绸之路的面貌。在"路线"的分支上，再分成三条三级分支然后又汇合到一起，这更像一幅地图表示线路的方式。因为狭义的丝绸之路在线路上分为北部、中部、南部三条路线，有的要穿越草原和雪山，有的要绕道躲避劫匪危险，在思维导图上通过这样的表达就变得简明扼要了。

在重点处理完红色的丝绸之路分支以后，用同样的方式按形成时间、路线、成因将"茶马古道"和"海上丝绸之路"进一步展开，画上简单的简笔配图就完成了这张导图。最初画这张导图草稿的时候我就一直在想用什么来代替中心图，这也着实让我想了很久。当我想到玄奘迷惘在沙漠中依靠信念战胜肉体坚定向西前行的时候，突然，漫天繁星下，玄奘在沙漠中打坐禅念的画面浮现在我的眼前，这也就让我将这张导图画到了沙漠的相片上。

本张导图总结

曾经一位大学老师在学习了阅读思维导图的方法之后觉得看思维导图是一件非常有意思的事情，比读一本书要快乐和高效很多，她说道："思维导图让我第一眼就能清晰地了解相关知识的大概，然后看分支的时候再找自己的兴趣点，感兴趣的内容就去查阅资料详细了解，即使没有任何感兴趣的地方，但对整个知识板块也能了解一二。"

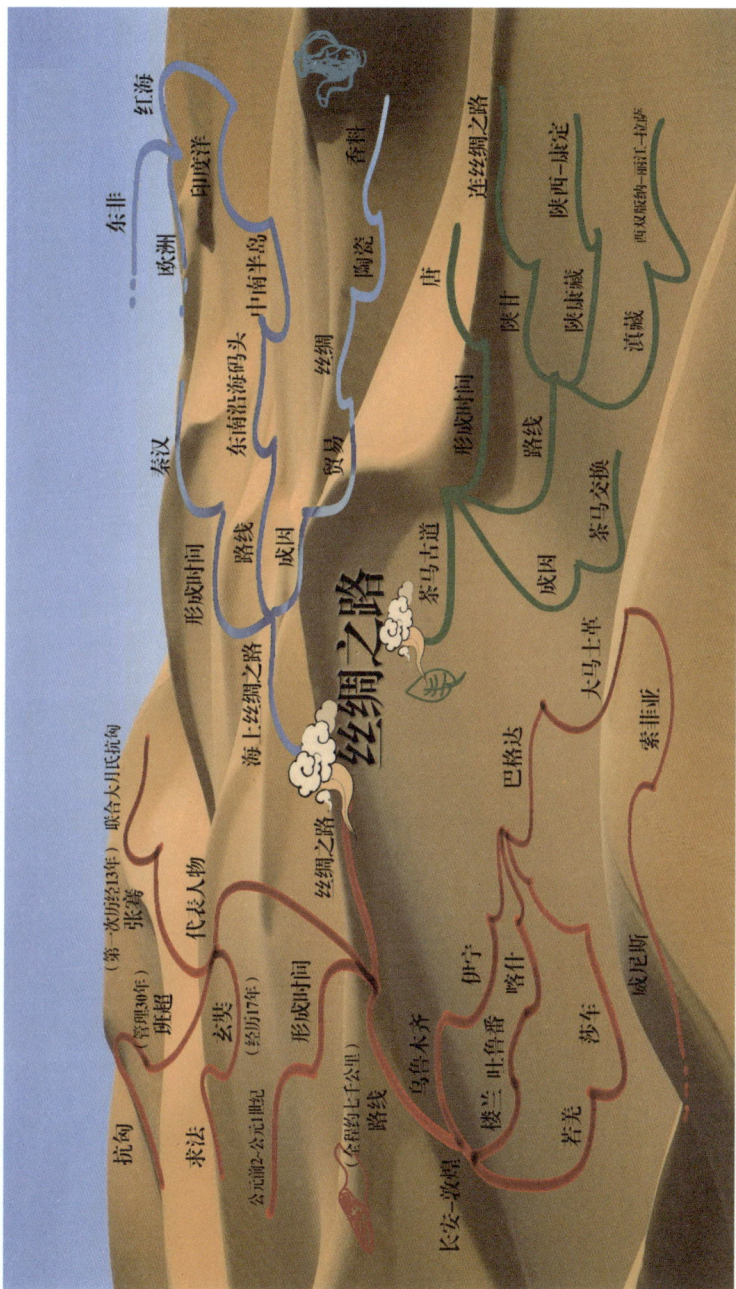

丝绸之路

丝绸之路（陆上丝绸之路）

- 代表人物
  - 张骞（第一次历经约13年）联合大月氏抗匈
  - 班超（管理30年）抗匈
  - 玄奘（经历17年）求法
- 形成时间：公元前2-公元1世纪
- 路线：长安-敦煌（全程约7千公里）乌鲁木齐 吐鲁番 楼兰 若羌 莎车 疏勒 伊宁 喀什 巴格达 索菲亚 威尼斯

海上丝绸之路

- 形成时间：秦汉
- 成因：贸易 丝绸 陶瓷 香料
- 路线：东南沿海码头 中南半岛 印度洋 红海 东非 欧洲

茶马古道

- 形成时间：唐
- 成因：茶马交换 大马古道
- 路线：陕甘 陕康藏 滇藏 陕西-康定 连丝绸之路 四川雅安-雅安-拉萨

宇宙

世间万物都是由微粒构成，氢和氧组成了水，碳和若干元素组合了各种各样的有机物，细胞又组成了人。换句话说，我们也是由若干元素物质组成的，然而这些物质并不是"新玩意"，它们都诞生于宇宙诞生的同一时间。试想，你骨头中的钙元素或许来自若干亿年前的某个星球爆炸，你会不会有一些奇妙的感觉呢？人类在大自然面前微乎其微，和整个宇宙比起来就似一粒尘埃，我们对宇宙了解得太少，不知这张导图是否能唤起你对无尽世界的求知。

"创新思维是没有尽头的，用星座的连线来表达分支结构，既贴切主题又略带神秘，整幅星空图就是一幅导图。"在整理宇宙知识点的时候我就有了这样的想法。由于天文内容的专业性和准确性的要求，我参考了引进的英国权威天文书籍《宇宙大百科》和日本小学馆出版的《宇宙图鉴》两本书。

合计一千多页的内容显然无法用一张导图浓缩概括，但在通读两本书以后我有了整体的概念。书中大部分描写的是具体某一个天体的特性、发现者命名的地方、结构等信息，这对于只需要大致了解而不需要细致钻研的人而言是可以省略的信息。我们生活中的大部分阅读都是这样的道理，试想，买一本菜谱我们可能就是为了做其中某几道菜，而不是全部菜的步骤都必须牢记在心。因此，我将内容大概归纳为"从属"（明确我们在宇宙中的位置）、"形成"（知道宇宙的年龄和形成）、"分类"（明白宇宙中星星的变化）、"探索史"（了解人类探索宇宙的过程）四条主干来绘制，我相信这四条主干可以建立一个对宇宙知识非常陌生的人的体系观念。

如果按我设计的初衷——用星空图来表达的话，感觉整幅图会显得比较暗淡，所以我改用油画涂抹的方式绘制，用北斗七星所在的大熊星座作为中心图，并在暗部描绘了熊的轮廓。

除了美观以外，分支的走向和合理的分层才是思维导图的灵魂，画得好，它能引导读者简明扼要地掌握知识，理解重点；画得不合理，也会让读者走入理解的误区。在设计这样的知识内容庞大的导图的时候，我往往会用铅笔先画一两张思维导图草稿，明确主干和分支以后才最终将它用设想的方式表现出来。我画思维导图一般的步骤是：写关键词→打草稿确认主干和分支→同时在分支上写关键词→定稿→开始画图→画主干和分支→最后填写关键词→有无必要画上配图→落款完成。

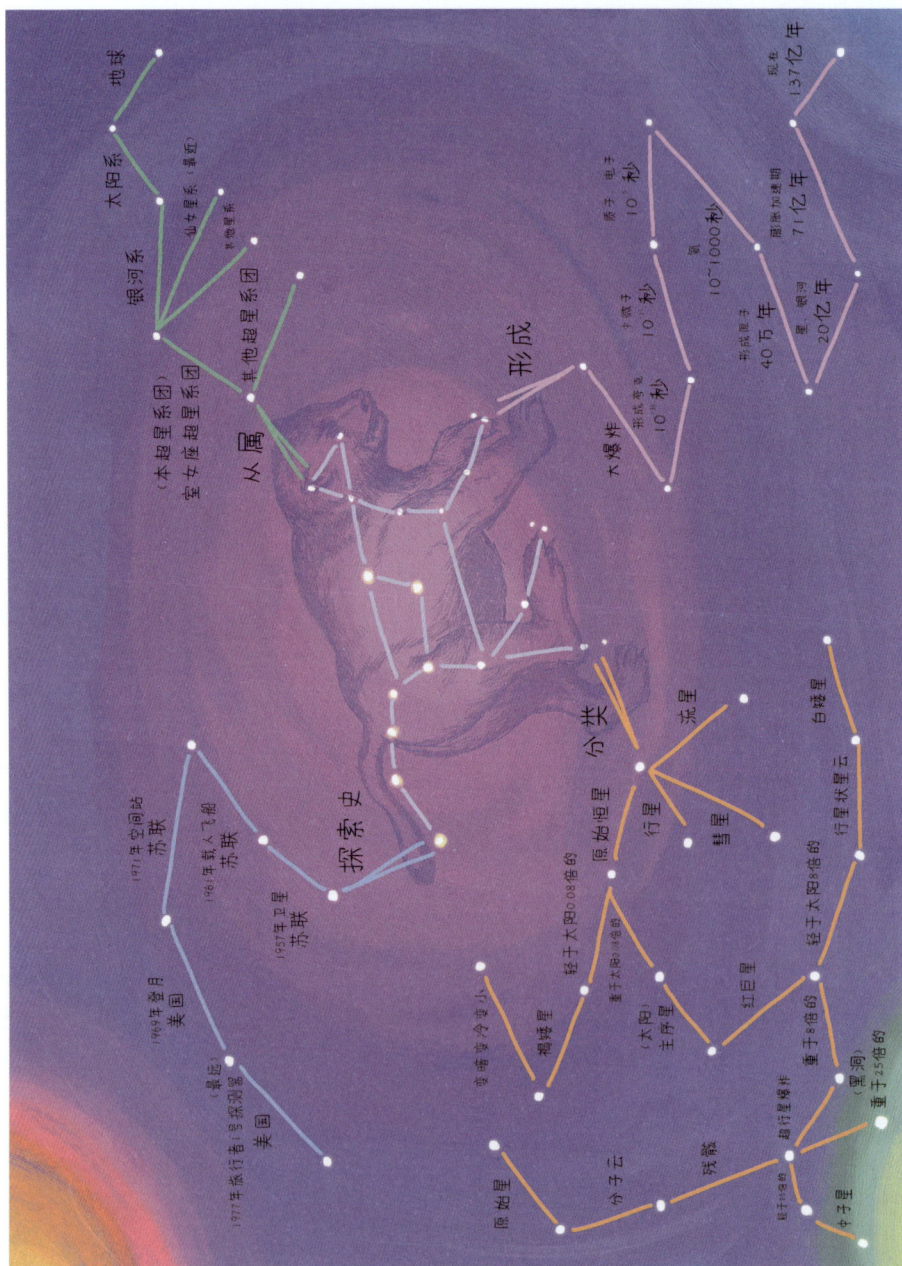

本张导图总结

　　这张导图的分支设计比较特别，虽然没有传统导图的由粗到细的绘制方法，但是依然不影响阅读和理解，它的关键在于走向。以这张导图为例，左下角是比较复杂的信息，它讲述一颗原始恒星有可能会发生的几种变化。从分支看，它可以分为轻于太阳0.08倍的和重于太阳0.08倍的两种情况，前者会最终变暗变冷变小，后者则会变成红巨星。完成红巨星过程以后，根据分支可以了解到又能分为重于太阳8倍和轻于太阳8倍两种情况，重于太阳8倍的将超行星爆炸，通过分子云的过程又形成原始星，周而复始。所以，有经验的人绘制的思维导图，它的分支走向往往非常讲究，不会有太多杂乱的分支干扰。不论如何庞大的知识体系，知识点都不可能是独立存在的，他们之间的从属关系和相互联系如何用分支表达，是导图绘制者最应该掌握的精髓。

准爸爸须知

　　生孩子对于一个家庭而言应该算是最重要的事情，特别是现代背景下八零后九零后的人而言。作为多数是独生子女的八零九零后而言，他们组合的新家庭中，一个新生命的诞生更加被视为掌上明珠，尤其珍贵。在这样的背景下，作为父亲的角色，宝宝出生前提前做好一些准备，能协助母亲轻松度过坐月子的时期，不至于被幸福打扰得手忙脚乱。

　　不论哪家的宝宝在父母心目中都是比熊猫更珍贵的存在，所以最初想到画这幅导图的时候我就决定用彩色铅笔来画一只可爱的熊猫做中心图。主干分支的一种常用绘制方式是用黑色的线条先勾勒，完成以后再用较粗的彩色笔覆盖一次，这样画出的分支有厚重的感觉，这种绘制方式算是常用的彩色绘制法。这里我们要注意一点，手绘思维导图的时候有的彩色笔是带有荧光色的，我们要避免使用荧光色的彩色笔，它会让整个画面"失重"。同样，我不太赞同用彩色铅笔画主干分支，因为它颜色比较暗淡，会让整个导图色调过浅，降低提示重点的作用。因此，手绘思维导图画主干和分支最好的工具就是签字笔、钢笔、水彩笔。

我认为，中心图只是一个概念，它代表的是整张导图的主题，但一定要在正中间吗？答案是否定的，中心图的位置是可以根据情况调整的，它能增加导图的趣味性，能吸引我们阅读。在知识传播的角度上，吸引人来阅读和有主动学习意愿再来进行阅读，明显前者的效果要好很多，这也是我专注把导图画得比较"美"的原因。

在分层结构上，我把主干分成三个阶段"出生准备""出院回家"和"宝宝满月"。出生准备主要描述需要提前购买的必备物品、家里协助人员的安排等；从医院出院以后重点看护母亲和宝宝，因此分支描述物品、看护以及注意事项；宝宝满月之后会相对轻松一些，所以简单概括即可。从分支

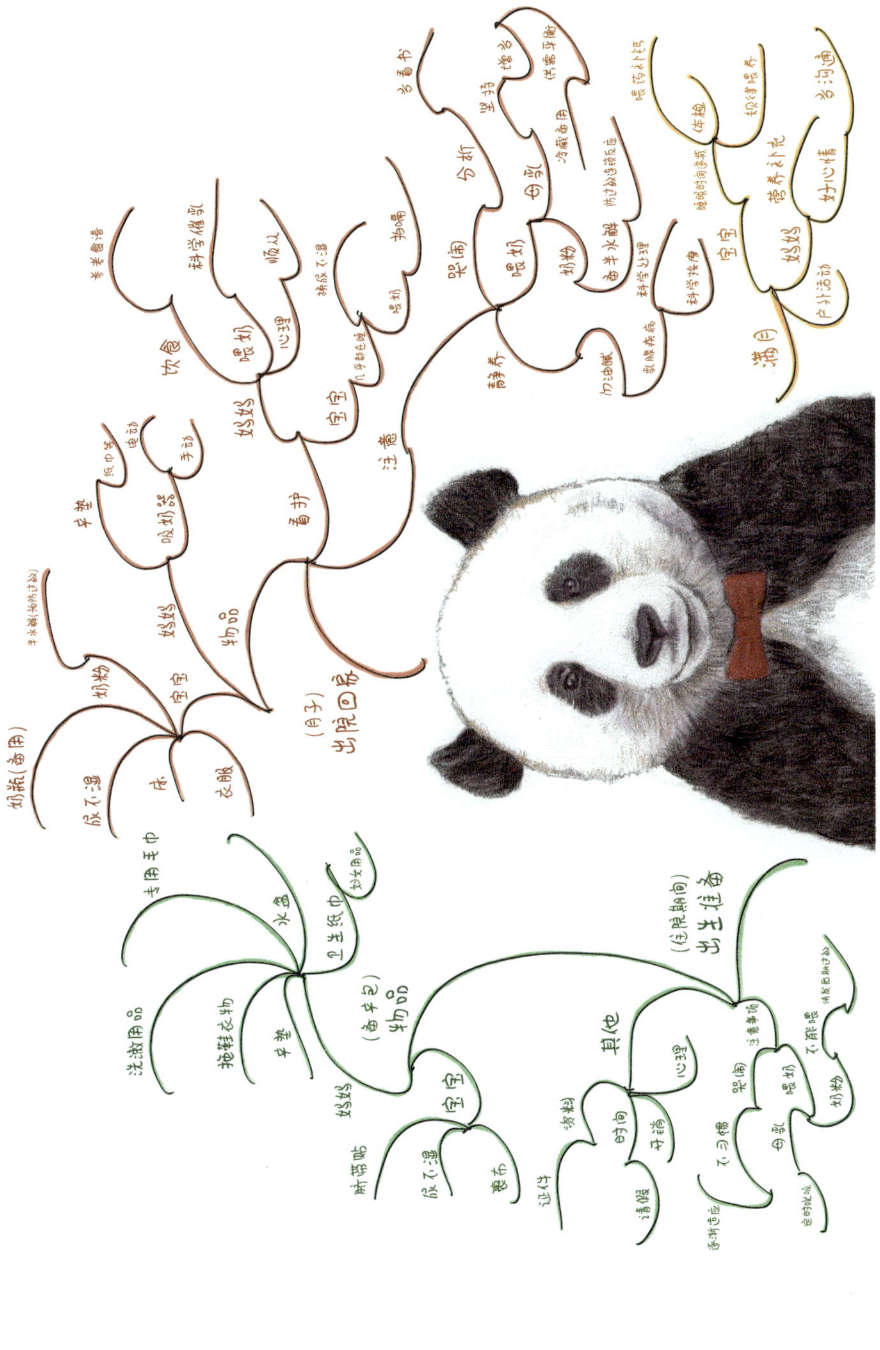
出生准备
（住院期间）
物品
其他
宝宝
妈妈
出院回家
（月子）
看护
物品
注意
饮食
喂奶
心理
满月
营养补充
好心情

所占的空间大小来看，"出院回家"是重点内容，因此读者也应该仔细阅读这部分的内容。

本张导图总结

思维导图并不是高高在上的工具，并不一定要运用于公司企业、理财管理，从使用频率而言，它在我们平平常常的生活当中用得最多，一次计划、一次备忘、一次随手笔记说不定就能用上导图，并达到超乎想象的效果。这张《准爸爸须知》能让准爸爸们从自己的角度、宝宝母亲的角度、亲人的角度等多方面看到问题，提前做出准备。

第二次世界大战

这张导图的内容应该算是总结整理知识点的代表作，原因是关于第二次世界大战（二战）的信息在时间上顺序显得比较杂乱，战役众多，因果关系联系紧密，信息量大。这张导图参考长达几十集的二战纪录片，整合所有重点信息用时间轴、因果关系、主要战役叙述的方式把所有精华信息提取，可以说读完这张导图，我们便对二战有了基本了解，再结合自己的历史常识，即使应付考试也没有问题。

首先，绘制这张导图之前我做了大量的笔记，先是将讲述二战的纪录片《天启》看了一遍，再迅速看了一遍《二战启示录》，两部影片看完之后已经对整个经过有了深入的了解。但是，两部影片之所以内容多、时间长，是因为它对细节进行了详细的刻画，对每一次战役的背景、经过，包括死亡人数、参加人数等都进行了叙述，然而对于非专家的绘制者而言，这一切都是可以省略掉的信息，导图绘制的过程就是一个提炼的过程。

在画草稿的时候我便想到用蘑菇云来作中心图，烟雾散开来表示主干和分支，我相信爆炸的蘑菇云会带给后人一些警示效果。用水彩笔手绘导图的时候可以用一些绘画的技巧，这样能让导图看起来更加干净。比如彩色笔渗透性较强，后面涂的颜色会和前面的颜色混在一起让画面看起来显得较脏，因此我们可以先涂大的色块，等十多分钟颜色完全干了以后再涂小色块，如果家里有彩色复印机，我们甚至可以涂完大色块以后复印，接着再在复印件上画。目的是为了让你的图看起来干净漂亮。

主干的抽取是这张导图花费时间最多的地方，正如本篇文章开头描述的一样，要了解整个二战，应该从"起因""阵营""结果""主要战役""爆发时间""大概经过"六个方面来叙述，主干的绘制考验着文明的概括能力，在确定主干的时候应该反复检查确定合理性。总结"起因"一共有两个分支，经济的崩塌和第一次世界大战（一战）的结果。一战德国战败后受到《凡尔赛条约》的多方面约束，因此导致了德国的法西斯主义，即向外扩张掠夺生存空间的想法；主干"阵营和首脑"则必须说明是谁和谁打，分支扩展开写上两边阵营的国家以及元首名字；二战之后的"结果"一直影响着世界格局，因此分开若干个分支详细叙述，最直接的结果应该是造成一些国家民主独立，也诞生了联合国，由于联合国常任理事国算是常识，所以

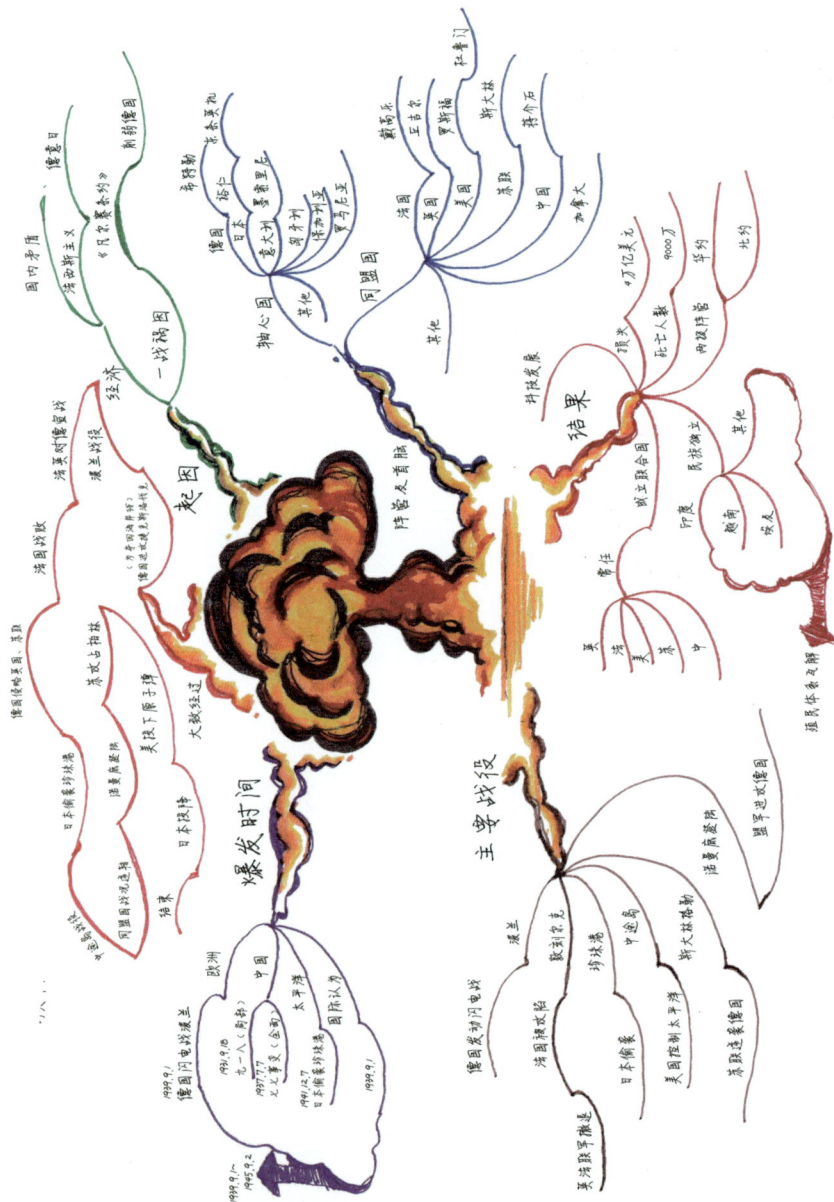

特别分支展开说明；"主要战役"则是按从上到下的顺序罗列出二战中的几场大战役，并分支展开简单描述；"爆发时间"则是对二战时间上的概括，这应该是我们必须牢记的历史；主干"大致经过"则是按时间轴来叙述每场战役的先后顺序以及结果，最后以日本受到原子弹轰炸无条件投降结束了整个二战，在经过的叙述上直接采用分支绘制并不科学，因此用线条发散的方式来代表时间轴叙事，只有一根线条，这一点应该尤其注意。

本张导图总结

这张导图的精华部分应该在于它对关键信息的提取。二战知识相对杂乱，如果是课本式的教学很容易让人搞不清时间轴、战役先后等信息，即使当时记住，不久后也容易遗忘，更重要的是，复习起来相当麻烦，想到某个知识点的时候必须一页一页地翻阅，浪费大量时间。导图用于知识的整理可以锻炼我们的概括能力、理解能力以及逻辑思维，没有强大的逻辑思维同样无法绘制出高度概括的导图。有一位大学心理老师曾经问我如何锻炼逻辑思维，我笑称："你让他多画思维导图啊！"

牛顿

从这篇开始我们将连续三篇用思维导图绘制历史名人的信息，将思维导图作为他们的名片，你会发现，通过阅读思维导图，历史的伟人将活灵活现地展现在你眼前。似乎导图有一种将传统信息变成"全息投影"的魔力，它能让我们立体地、多维度地了解问题，认识事物。

牛顿终身未婚你知道吗？他是超级学霸你知道吗？在我的脑海里有这样

的印象，好像大部分的天才读书的时候都是学渣，直到我用思维导图总结他们的生平我才彻底改变了这个想法，但是很奇怪，我为什么会产生这样的想法呢？应该是在读某个天才的励志故事的时候，他的经历给我留下了深刻的印象，再加上我对牛顿的不了解，由于信息的干扰性，所以我的潜意识里总觉得科学家的读书时代都是失败的。在这之前，对于牛顿的认识，我只有苹果、万有引力、力学三大定律等印象，但是在通过上网查阅他的相关信息后我才彻底改变了对他的认识，再通过思维导图绘制这一过程，我深刻体会到了一个有性格、有温度、有智慧的伟大人物的一生。

这张思维导图一反常规，我将它画在了苹果上，我觉得这是一个有趣的尝试。当我用颜料画完这张导图的时候我发现，它居然多了一个功能——玩！它完全变成了一个学习教具，甚至可以先用来玩，再用来看，接着饿了再把它吃掉。由于画在苹果上空间并不大，所以中心图用了简单的公式代替。在处理主干分支的时候，由于牛顿成就太多，在各个领域都有无可比拟的成绩，所以绘制主干"成就"；为了还原生活中的牛顿以及简单描述他的一生，所以确定主干"生平"，整幅导图就从这两条主干发散。

分支的绘制上我将"生平"分为"少年""大学""青·中年""中老年"四个方面展开说明，分别讲述了牛顿从小爱学习，考入剑桥大学受到天文学启蒙，在大学期间研究出微积分，在中年的时候当选国会议员、皇家科学院成员，以及老年获得爵士爵位的人生经历。在"成就"主干上分为"力学""数学""光学""热力学""其他"五条分支展开，并用二级三级分支展开说明每一个领域的成就。

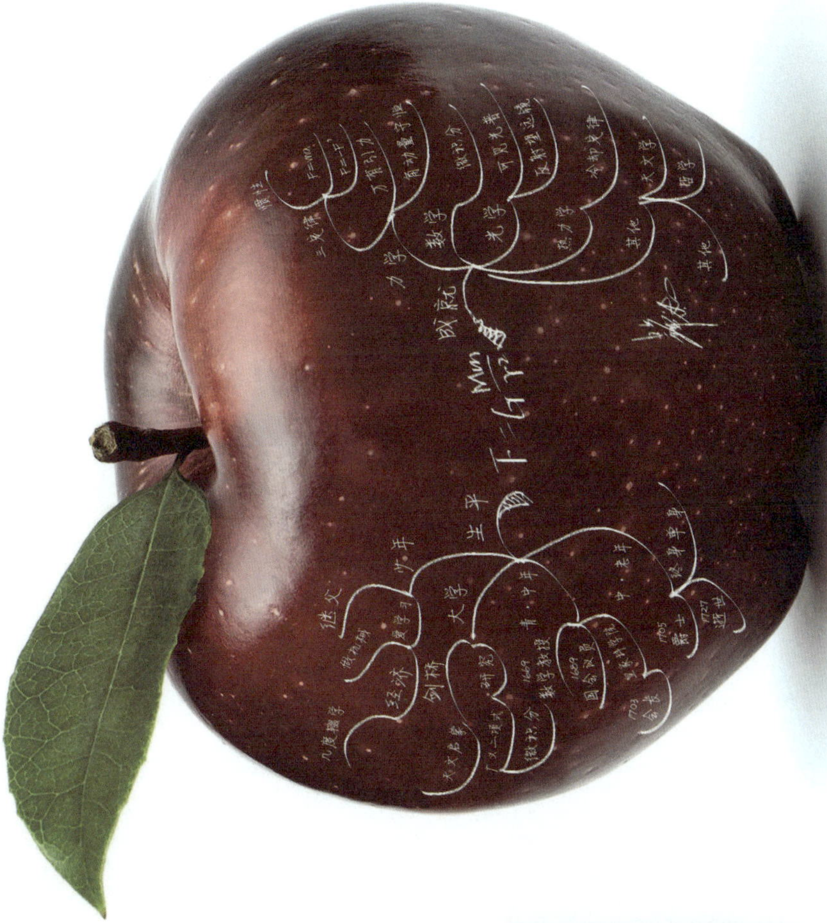
生平
少年
大学
剑桥
成就
力学
数学
光学
其他

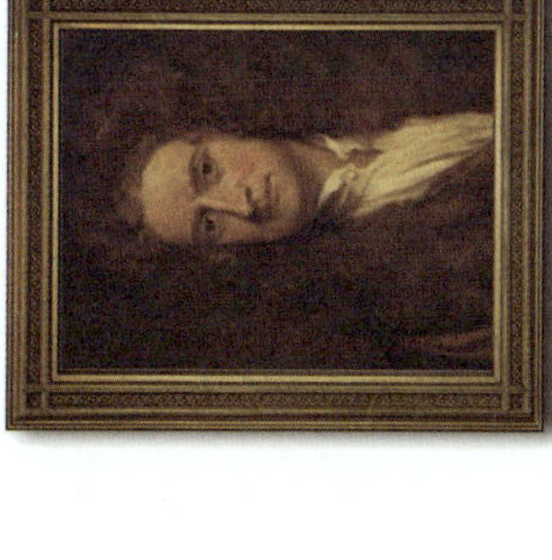

本张导图总结

　　我们不但可以从绘制方式进行导图的创新，对载体同样可以换一种全新方式。概括牛顿我们用上了苹果，那么如果概括达芬奇，是不是可以用鸡蛋呢？人类的进步正是因为对创新的不断尝试，创新正是思维导图蕴含的精髓。

贝多芬

　　音乐大师贝多芬有着超乎常人的毅力，他常年与病魔抗争，在双耳失聪的情况下依然坚持创作，为全人类留下伟大的音乐财富。本张用乐谱的方式呈现出一幅思维导图，并用这张导图尝试简要概括他的一生。

　　提到贝多芬，在我的脑海中立马回响起节奏激昂的《命运交响曲》的旋律。有关研究表明，我们记住声音要比记住文字信息快很多，甚至我们对文字信息读解和记忆的过程都是需要翻译成声音来完成的。回想一下我们读书的时候，通常是一字一句地默读着然后才慢慢理解，最后再记忆。音乐是浪漫的，它能高度抒发和表达我们的情感，因此，一幅飘浮着的五线谱展开形成了思维导图样子的画面浮现在我眼前。这张导图没有用分支的方式，而是完全展开用叙述式的方式来总结贝多芬的信息，这也完全是因为贝多芬的信息分支相对较少，可以完全采用时间轴的叙述方式，就如我们前面的《第二次世界大战》中"大致经过"的主干一样，这里把他的一生分为三条主干来描述，分别是"童年""中年"和"晚年"。

　　有意思的是，即使是用一条线来画主干和分支也是要有时间节点的，必

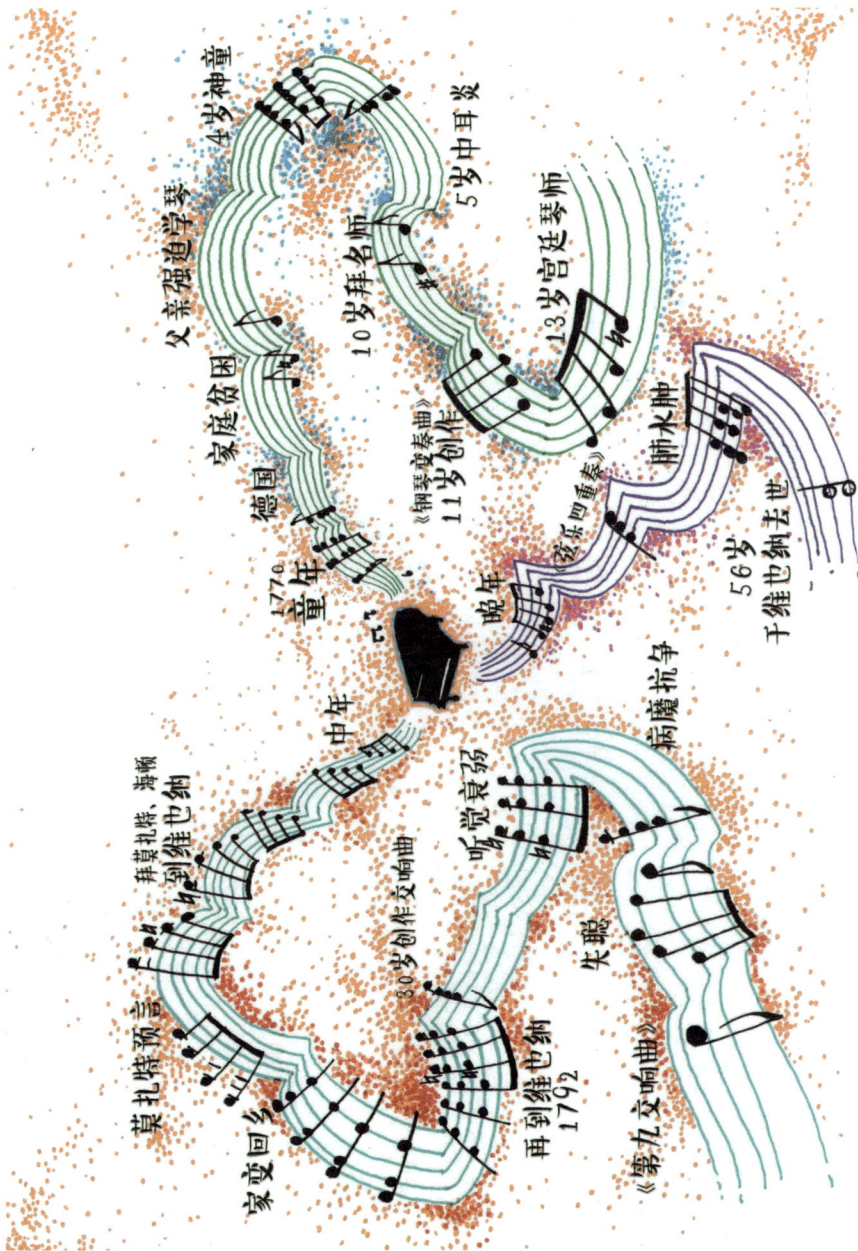

须像画分支一样线条要有折叠，而五线谱刚好是分段的形式，所以用五线谱来作为主干是再好不过的了，既贴切主题，又能表达含义，更重要的是，还能画乐谱。如果你懂得音乐，相信你已经发现了，按照童年、中年、晚年的顺序，五线谱中绘制的乐谱连起来正是贝多芬的名曲《命运交响曲》的谱子。

梳理整幅导图后，我们再回过头来阅读的时候可以发现，贝多芬生活在严厉的家庭教育环境下，虽然被父亲强迫学习音乐，但他表现出了非凡的天赋，正是因为他的天赋加上父亲的严厉才造就了这样的音乐神童。中年时期又因为拜到名师莫扎特门下，最后才成就了贝多芬伟大的一生。在绘制的时候我深深地感慨道，伟大的成功是需要多方面因素的，天赋加上必不可少的努力才是主要原因之一，即使是这样，也未必能获得很大的成就，只有不断学习，得到名师的指导，再加上坚忍不拔的毅力才能谱写出与众不同的人生轨迹。

本张导图总结

将乐谱变成思维导图是十分有趣的点子，这样的方式增加了导图的可玩性。试想我们在乐谱上写上知识点的关键词，把乐谱按思维导图发方式展开，如果你是一位乐器高手，当你弹完整首曲子的时候是什么样的感觉呢？那应该是一场音乐旋律和逻辑思维碰撞、右脑感知和左脑推理结合、奇妙而又有趣的头脑风暴之旅。

达尔文

达尔文对人类进步的意义有多大？如果不是因为绘制这张思维导图，也许我很难有机会体会。这张导图对达尔文进行了较为详细的叙述，包含了他的求学、探险、研究的一生。

首先，这张导图和前面两张关于牛顿和贝多芬的导图比起来要详细很多，原因是参考材料的不同。前两张的参考材料来自网络的文字介绍，而这张达尔文则参考的是七集纪录片《达尔文·自然之子》。由于参考材料的不同，所以提取的细节和关键词也有所差异。很明显，动态的电影远远要比单纯的文字信息量大很多。由于对人物的叙述一般都是按时间顺序来讲述，因此我在观看纪录片的时候便一边记录关键词，一边打草稿。七集的纪录片内容的整理并不是一件容易的事情，我全部看完后整理出了满满的一堆关键词，然后通过初步的草稿删减掉一些不影响大局的信息，最后确定以海龟为中心图来绘制这张导图。

达尔文 自然之子
（一）：自由的心

达尔文 自然之子
（三）：我的世界

达尔文 自然之子
（五）：达温庄园

达尔文 自然之子
（四）：物种谜题

达尔文 自然之子
（七）：牛津论战

达尔文 自然之子
（二）：别了青春

达尔文 自然之子
（六）：石破天惊

　　用海龟作中心图是因为达尔文正是在加拉帕格斯群岛上看到象龟之间的个体差异而萌发的进化论灵感，所以这个群岛也被称为进化论的故乡。海龟我用彩色铅笔素描的方式进行了细节刻画，因为达尔文是一位标本制作高手，对生物和植物的绘制刻画得十分细腻，因此我想用同样的方式刻画象龟，目的是纪念这位伟大的科学家，向他表示致敬。我将他的一生归纳为"经历""贝格尔号""回国后""《物种起源》"四个主干来展开叙述。谈论达尔文的成功不得不提他的家庭背景，他出生于富裕的家庭，从小受到哥哥姐姐们的疼爱，因此他今后的研究甚至他的一生都从未被经济问题所困扰过，所以分支较为详细地描述了他的家庭情况。另一条分支则描述他的求学经历，由于自身成绩的优秀，达尔文大学毕业以后就得到了导师的推荐，参加当时的贝格尔号军舰地图测绘任务；主干"贝格尔号"则线性和分支结合描述了达尔文的环球之旅；主干"回国后"分为两条分支来叙述，一条是达尔文的生活，另一条则是他的事业。达尔文在回国后便应邀出版了贝格尔号游记，这使他声名大噪，同时他的婚姻也让他非常幸福地享受着家庭生活。主干"《物种起源》"则重点描述了书籍的出版过程以及它所带来的巨大影响。《物种起源》一书被当时的中国留学生严复传到中国并改编译为

经历

家庭
- 《进化论思想家》诗人、科学家（爷爷）
- 名医（父亲）
- 文豪
- 希望当上来文女
- 环球 爱情好

求学
- 达尔文
- 家庭 雷话
- 爱上植物学 导师爱好
- 导师引荐 优秀毕业
- 例行导引神学 文章反对
- 贸易泛闻

《物种起源》
- 思想日日停止
- 全球神关
- 支持 缺省疑
- 出版
- 影响
- 《与猿之关》诉安等 严反时 首吾
- 沖净大群论 述所得吾
- 与自己运用
- 提倡科技推论
- 德感大评 适基基典
- 《律向中国》
- 《大东征》
- 中国半岛变窜

贝格尔号
- 帆船小吴父亲
- 1831起航
- 基督教授
- 麦照达尔文
- 自费随行
- 永久性军舰
- 《计划2年》为英国画绘地图
- 目的
- 观点
- 达尔文之手
- 改为5年 动像
- 持续航行

回国后 回英国 （1836）
- 好望角（豆塑角）
- 回英国
- 澳大利亚
- 马尔维纳斯群岛《与小岛海基结束不一样》
- 《佛得角》户炭
- 《美洲》东窜、巨蜥的就？ 加拉帕格斯群岛

结婚
- 爱的选择
- 事业
- 主治
- 表姐爱玛之女
- 与舅舅之子
- 贵女 王子
- 思想碰撞
- 支持赞成

- 神思与论证
- （1859年）当选皇家协会会员
- 出版《物种起源》
- 巨蟹神思
- 73岁逝世
- 全球史实新科研领域
- （1835年）自然选择思想
- 《自然选择与论日记》
- 评莱样本
- 恐龙
- 《物种起源》
- 婚假慈悲

《天演论》，这本书打破了封建统治观念，讲述了"物竞天择，适者生存"的道理，从而引起了中国革命的思潮。

本张导图总结

　　将复杂的知识以简单的方式呈现是思维导图的核心功能之一，如何提取关键词是我们在绘制的时候不断习得的能力。当我们初步确定导图的分支构架的时候应该整体检查，将类似的、过于细节的、无关主题的词视情况精简，最终确认以后再着手绘制，这样才能得到一幅简单、清爽、实在的思维导图。

齐白石

　　用水墨画来表达思维导图，同时也借此宣传中国文化，这是我一直以来想尝试的事情。借助这张描述关于齐白石老人生平的导图，这个愿望最终得以实现。虽然从效果上而言没有达到预想效果，但用水墨画来表现思维导图，我想，这应该是史上第一张吧。

　　先说一个题外话，通过对牛顿、达尔文、贝多芬、爱因斯坦和齐白石等历史伟大人物导图知识的整理，我有一个新的感受，这也是他们身上的共同点，那就是都有贵人相助。在每一个阶段仿佛都有上帝派来的使者为他们消除疑惑引领前行，但这都不是偶然，这是自身的才华加不懈的努力才会吸引来的幸运。通过导图的梳理，我更加体会到了这一点，用一句话来概括那就是"自强不息，厚德载物"。

　　整理历史伟大人物的相关信息能从他们身上吸取无限的正能量，这让我一发不可收拾，接连绘制了四五张关于历史名人的思维导图，这应该也是思维导图将求知欲扩大的真实体现。话说回来，在绘制这张导图的时候，由于齐白石老人的虾是最为人所知的，因此我决定用水墨的虾作为中心图进行绘制。关于齐白石的知识内容参考纪录片《百年巨匠——齐白石》共三集，和之前的方式一致，我在看这部纪录片的时候记录觉得相对重要的关键词，其中包括一些事件、人生转折点、时间点等。通过整理，可以将齐白石老人的一生分解为四个阶段，即主干"木匠时期""民间画家时期""沉淀时期""成为大师"。除此之外，齐白石一生有三个重要的贵人，我将它归纳为主干"三遇贵人"。因此，一共五个主干展开叙述。

在分支的绘制上，为了统一整体风格，不破坏"水墨画"的设计初衷，所以采用了统一的黑墨线条绘制，虽然整个画面以黑色为主，但中心图的花叶和黄色花朵刚好起到点缀作用，这和齐白石晚期的作画风格也是一致的。将整体框架绘制完成后，用PS钢笔字体输入关键词，最后再用毛笔字体写上标题、盖上印章就完成了这张导图的绘制。

本张导图总结

通过对不同素材、内容的知识整理，相信读者已经深刻体会到了思维导图运用于学习领域的高效性。对于读者而言，它将发散思维充分利用，将重点信息抽取出来再隐形地与我们的逻辑思维结合，让我们在潜意识当中链接每一个关键词，从而达到掌握整个知识网络的目的。对于绘制者而言，导图的分层技巧、关键词的抓取能力则是我们需要长时间实践才能真正掌握的，这是一门看懂容易，会用则需要实践的科学。

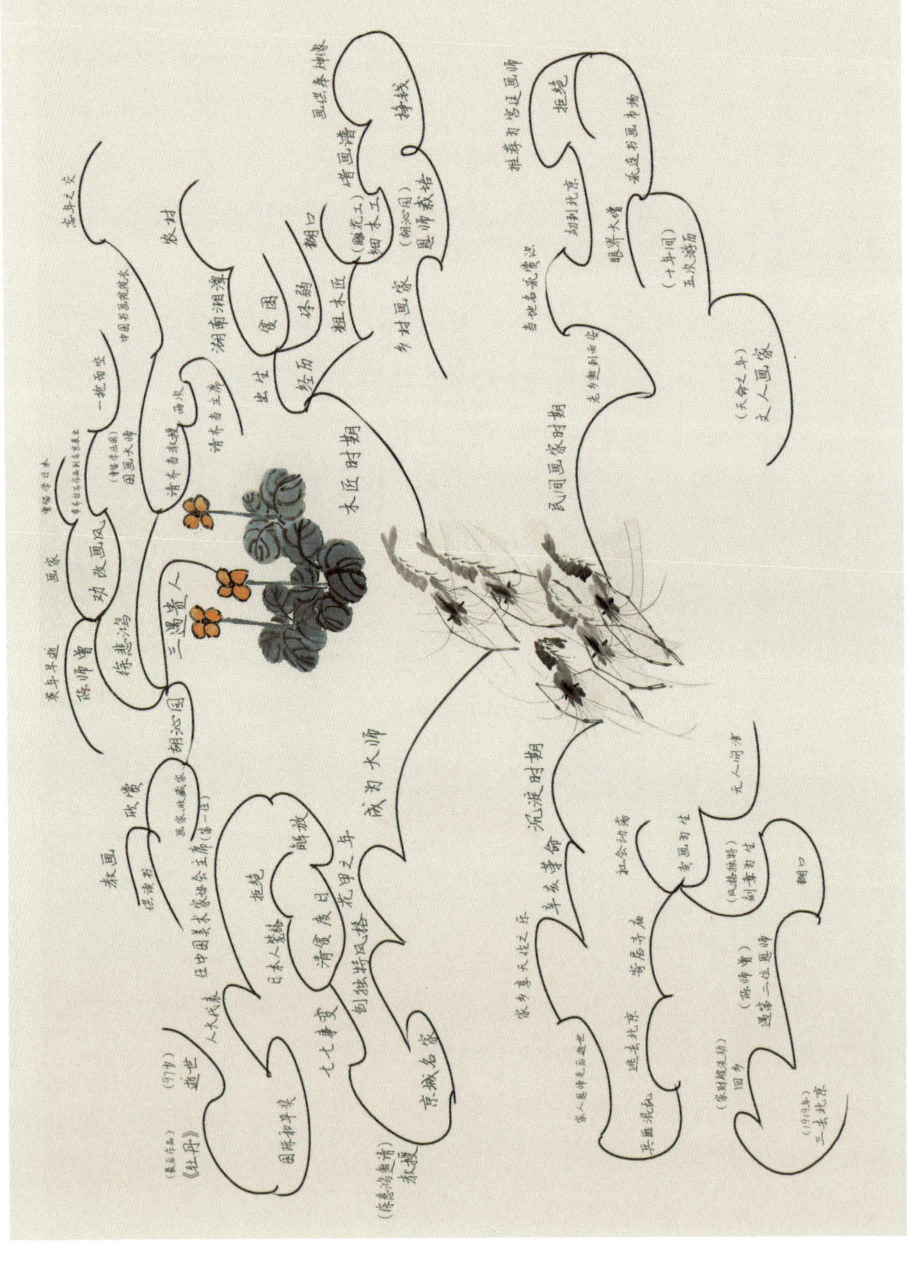
木匠时期
民间画家时期
沉淀时期
成为大师
湘南湘潭
出生
贫困
体弱
经历
粗木匠
细木工
乡村画家
恩师栽培
挣钱
农村
胡沁园
三遇贵人
陈师曾
徐悲鸿
劝改画风
衰年变法
五出五归
文人画家
拒绝
创独特风格
京城名家
七七事变
花甲之年
清贫度日
日本人惹错
遇第二位恩师
三去北京
国际和平奖
逝世
《牡丹》

MIND MAP

10
用思维导图写作文

关于"味道"命题写作

　　用思维导图写作文是目前比较热门的一种新方法，用思维导图能让我们写出更美的文章吗？难道考试的时候画一张图？难道不会耽误时间？当我还对思维导图不够了解的时候，我也有过这样的疑问，后来我才知道，它主要是通过两个方面让我们提高写作水平，第一个是文章的架构，第二个是文章的内容。试想，我们在看到一个作文标题的时候，如何去写这篇文章呢？这时我们的思维是杂乱无章的，想到一个点子就立马开始写起来，写到一半却发现越来越难写，甚至开始跑题，最终写出来的文章自己很难满意。其实，只要你懂得思维导图的方法，我们就可以快速地将头脑中的材料总结起来，精确地辨认出有价值的材料，快速地确定立意，清晰地把握文章结构，写出优美的文章。

　　如果你看过前面"文章概括与学习"章节的内容，就不难理解思维导图到底是怎样让我们写出作文的，它的**分支结构**将每一个过程、事物进行细化，这正是我们作文当中欠缺的；它的**整体视角**又让我们可以看清内容的全局，这也是我们把握文章需要的；它的**发散思维**能让我们想到与众不同的视角，让我们写出立意新颖的文章。下面我举三个例子来说明上面三点内容。

老师让同学写一段描写天空的句子，同学们组织语言想了很久不知道写什么，但如果用思维导图由粗到细的方式，我们可以通过"天空"联想到"云朵"，"云朵"再细化联想到云的颜色、动态、形状等。同样，"天空"可以想到"鸟儿"，"鸟儿"细化想到具体的大雁、麻雀、蜻蜓等。"天空"也能想到"叶子"，"叶子"细化想到飞舞、飘落、清香等。这样一来，我们描写天空的素材就被我们整理了出来，而且可以通过细节的刻画写出优美的句子。我常常给低年级的同学们开玩笑说："比如我们写'爸爸爱上网'，我们不能就这么一句话完了，应该进一步刻画，'爸爸爱上网，他每次都和我抢电脑！'这样句子就有意思了。"写天很美也是一样的，不能说天很美就结束，要通过细节的描写："天空很美，透过叶子能看到云朵在流动。"

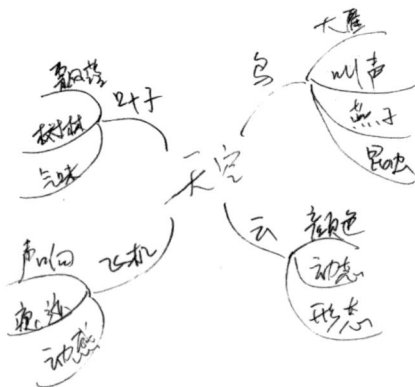

在绘制"味道"这张思维导图的时候，看到"味道"二字我着实想了很久也没有写作思路。当我通过思维导图把关于"味道"能想到的东西都用主

干分支画出来以后我发现，最好写的原来是从"嗅觉"入手。我可以从某件衣服开始描写，然后写厨师这个群体，举例说明某个厨师的匠人精神，追求极致的精神从而凸显"味道"，再把它升华为"传递这种味道"的宝贵精神，最后结尾扣题写出这就是"幸福的味道"。这样我就有了整体思路，但是如果我不通过思维导图的形式，有可能我会写其他内容，由于没有整体的思路，中途断断续续的思考就会让我浪费时间。

　　同样的标题，千篇一律的内容很容易让阅卷老师乏味，有温度、有情感的文章更能打动人。通过思维导图绘制整理思路的过程，我发现每一个分支都特别的抽象，要写好这些题目不太容易，而且大同小异的故事情节也很难编造下去。纵观自己的"思考地图"会发现，从物到人再到情是一条比较容易打动人的写作思路，因此我决定从"衣服"入笔写厨师这个职业，写他们对味道的追求和传承，最后升华写人情味。但在画导图之前，我想着写做饭的母亲，写家庭、亲情。虽然这可能也会是一篇不错的文章，但和前者相比，这会显得比较千篇一律。正是因为通过发散思维想到的"衣服"，让我对这篇文章有了不同寻常的切入点。

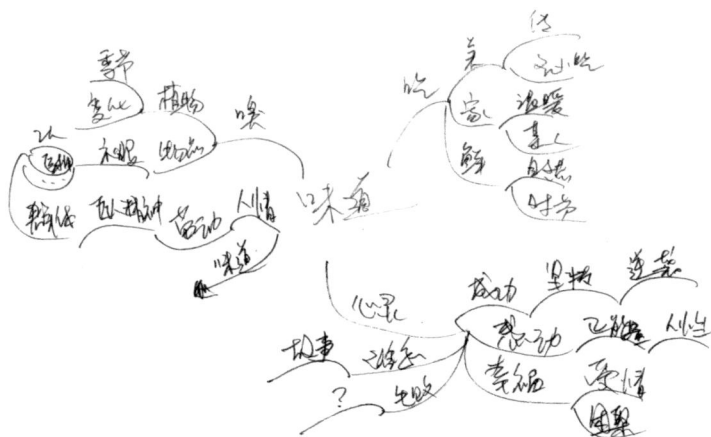

本张导图总结

　　巧妇难为无米之炊，想不出内容即使你会再多的修饰手法或是写作技巧也很难写出一篇好文章，然而，思维导图就是创造材料的过程，它将大脑当中的材料调动起来变成我们的灵感，再通过分层思维理清写作思路，让写作的过程有了一张清晰的"地图"。

MIND MAP

11
用导图概括一本书

《喝茶入门轻图典》

用思维导图来概括一本书对成人学习者而言应该是最常用的。现在很多知识青年都加入到各种各样的读书会当中，每个人都有求知欲，每个想进步的人都想不断地提高自我。我们每个阶段都给自己定下各种目标，读书也不例外，有的人利用碎片化时间听书，有的人喜欢一边品茶一边读书，有的人计划一年读二十本书，当然，痴迷读书的人可能计划一个月看二十本书。那么，是不是每本看过的书我们都能把它的精华消化掉呢？是不是看过的每本书都能留下深刻的印象呢？如果世界上存在一种辅助看书的技能，掌握了它你就能更好地读懂书，把书中的知识变成自己的养料，你希望了解这项神奇的技能吗？它就是思维导图。

我看过不少写喝茶入门的书籍，但《喝茶入门轻图典》这本书条理清晰、设计美观，是我爱读的类型，因此这里主要讲述我是如何将这本书归纳成思维导图的。说实在的，虽然我从小在茶楼长大，但我对喝茶这件事却没有半点兴趣，当我拿到这本书的时候只是看了一下目录，大致翻了一下，加起来连五分钟都不到。说到书的数量我绝对可以自豪地说我家里一个墙壁的书柜早就已经被各种类型的书塞满，但是我也有一个坏习惯，那就是只买书不看书。你有这样的习惯吗？你身边有这样的朋友吗？相信我这样的人并不在少数。但是当我有一天开始把家里的书用思维导图整理的时候我发现，所有沉睡已久的书突然体现了它的价值，我不但看完了每本书，还真真正正把书的内容变成了我的养料，让我得以成长。

就拿《喝茶入门轻图典》来说吧，它的内容写得非常详细，从茶叶历史到分类再到每一种名茶的产地、区别，以及喝茶的文化等，但是对我而言，它对我有用的信息或者说我感兴趣的信息仅仅是四个方面。第一，茶的分类，这让我了解最基本的常识，对于我而言了解这个常识就足够了；第二，茶叶当中的成分，这一点完全满足了我的好奇心，我一直想明白它的所含物质对我们身体的具体好处，这样便于我给别人推销；第三，冲泡方法，这属于喝茶的基本常识，了解这一点有助于社交洽谈；第四，喝茶的误区，了解这些知识点至少能让我不在茶专家或者喜欢茶文化的人面前闹出洋相。这些信息都是书中有所描述的，但篇幅并不大，整本书的更多篇幅是细分了每一种茶，然后详细记录它的摘菜时节、产地、口感、形状等。然而这些信息对我而言都是不需要的，即便偶尔需要，专门查阅即可。

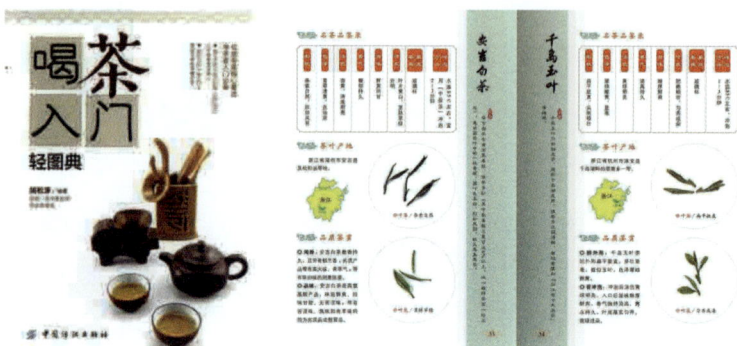

茶

分类
绿茶
红茶
乌龙茶（青茶）
黄茶
白茶
黑茶
再加工茶

功效
茶多酚
茶氨酸
茶多糖
维C
茶色素
减压、增强记忆
体内垃圾
抗衰老
保护心血管
体循固醇
固齿防龋
抗辐射
芳香物
茶色物

储存
新炒制茶马上喝
避免放置
避光保存好
避潮保存好
茶味不留

喝法
千茶杯泡一天
保温杯泡
空腹解酒
送礼贵重
嫩茶叶
隔茶叶隔日饮
干花搭配饮

冲泡
投放得顺序
上投法
中投法
下投法
水→茶
茶→水
水→茶→水
30度龙井泡泡饮
茶类资讯
香浓茶冲泡
分类：绿茶、红茶、乌龙、黄茶、白茶、黑茶

十大名茶：西湖龙井、洞庭碧螺春、黄山毛峰、庐山云雾、六安瓜片、君山银针、信阳毛尖、武夷岩茶、安溪铁观音、祁门红茶

将上述内容通过导图梳理后便画出了"分类""成分""冲泡""误区"四条主干，设计风格则用了拍照的形式，让人有如同饮茶一般的清爽感觉。在分支的绘制上，结尾处画成了小叶子作为装饰，看起来像茶树的树枝。最后，十大名茶也是一个比较重要的知识点，但是用分支的方式绘制显得画面拥挤，而且将十条分支同时展开也不是一件美观的事情，因此单独在下方列举出来，这样就完成了整幅导图的绘制。

本张导图总结

我们都有这样的经验，看某一本书的时候如果觉得看完这本书收获很大，那么也正好说明你在这个知识领域了解太少。我们看书的质量并不能用数量来衡量，一本书的非客观"含金量"也是因人而异的，我们把自己需要的知识通过导图记录下来，这就是高效的读书方式。

《图解易经》

《易经》是什么？在这之前我只知道它是一部旷世奇书，和《吠陀》《圣经》一样，有着大量的追随者。它的具体内容到底是讲迷信的占卜？滑稽的怪谈？还是奇怪的传说？当我进一步了解，甚至是用思维导图梳理的时候才豁然开朗，这让我有一种醍醐灌顶的感觉，原来，它其实是一本伟大的处世哲学、修生哲学、科学哲学，是一本充满智慧的书籍。

"天行健，君子以自强不息。地势坤，君子以厚德载物。"清华大学的校训源自《易经》，出于对这句话蕴含的深刻道理，我从小就对《易经》产生了浓厚的兴趣。易经的主要内容是对卦象的解释，即通过八卦演绎出来的六十四种变化，每种变化代表一种现象，并对这种现象的解释说明。《图解易经》是一本非常不错的《易经》启蒙书籍，它将《易经》中卦象解释还原并加以翻译注解，另外还增加了一些基本知识。比如易经的起源历史、学者的研究分类、作者的阅读感想、对世界观的解释以及八卦运用的原理等。

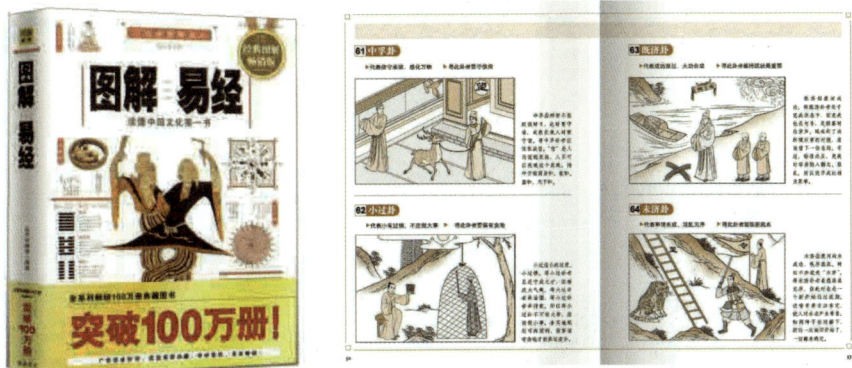

如上所述，《图解易经》在卦象爻辞之外还加入了作者对整个体系的理解，这正是作为初识《易经》的读者而言最重要的。我们没有太多时间深入品味爻辞中蕴含的哲理，甚至没有时间看完每一挂的解释，但如果我们通过别人总结出来的信息再进一步接触《易经》的话就更容易理解，别人的"理解"变成了我们的桥梁。所以，读《图解易经》这本书，它的重点并不是爻辞本身，而是作者的话。虽然整本书爻辞解释占了三分之二，但对于《易经》的初级阅读者包括我而言，剩余的三分之一才是真正的精华。将作者目录的分类和内容结合，于是总结出作者眼中的《易经》框架，按主干划分分别是"内容""骨架""哲学""成书""思想"五个方面。

在构思这幅思维导图具体形式的时候，说到《易经》我就想到了"阴阳"二字，所以我将导图画成了黑白的色调，脑袋里呈现出香炉冒出烟雾，烟雾形成八卦，八卦再散开构成分支的画面。将上述主干扩展开来整个《易经》的哲学部分

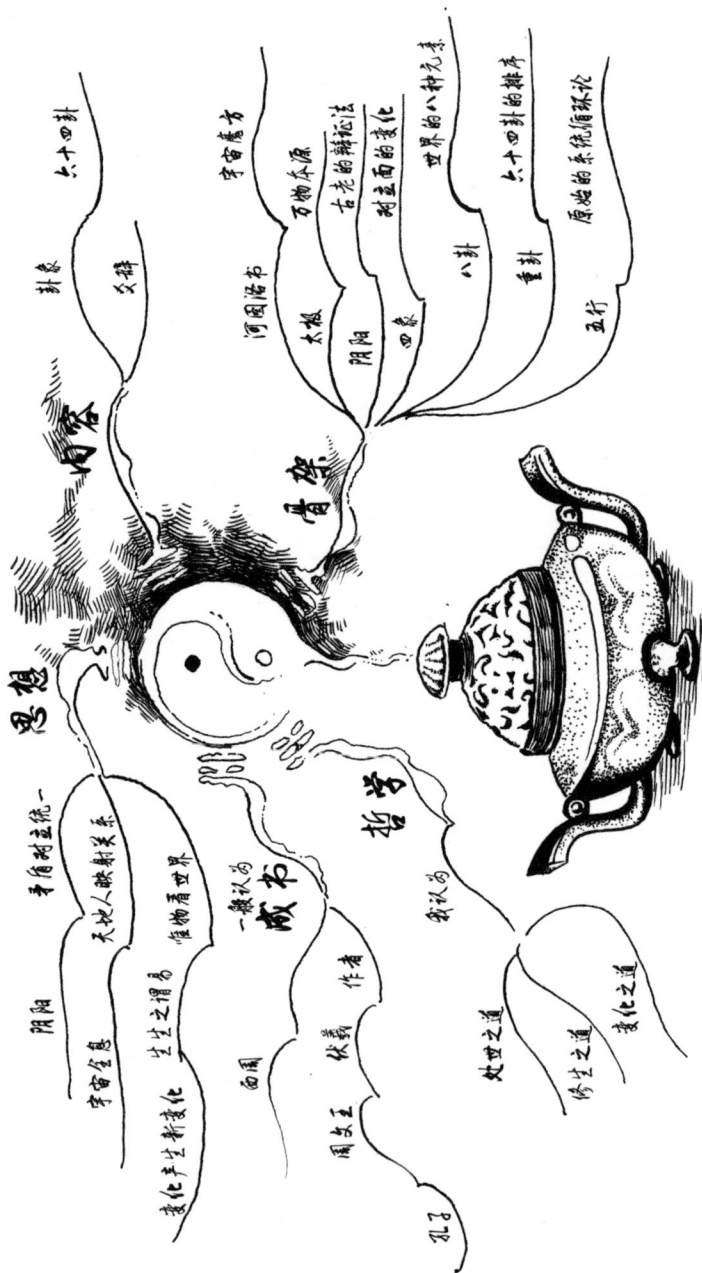

思想

内容

卦象　六十四卦

爻辞

内容

河图洛书

太极

阴阳　四象

万物本源

古老的辩证法

对立面的变化

八卦

重卦

世界的种无素

六十四卦的排序

五行

原始的系统循环论

哲学

阴阳

宇宙全息

变化生出万变化

天地人映射关系

过过之谓易

植物有四界

有价对立统一

最认的 藏书

周易

伯阳

依托

作者

孔子

我认的

处世之道

修行之道

变化之道

已经略知大概。比如，它的骨架虽然分解成"河图洛书""太极""阴阳""四象""八卦""重卦""五行"七个部分，但实际上用现代语言来解释的话不难发现，都是在解释社会现象、科学现象，发现它其中的科学性。特别是"思想"主干扩展开来我们会发现，它讲解的是"事物的对立关系""天地人的映射关系""事物变化的随机性"，用现代文名词来解释的话整本书就很容易理解了，这都用思维导图关键字的方式表现了出来。

本张导图总结

　　学习一本书的内容不一定必须要学习那本书本身，我们可以通过其他作者对它的注解、评论、观后感等侧面了解，有了初步认识再接触的话对内容就会有更深刻的理解，《易经》就属于这种范畴。它非常深奥，直接用导图处理我们很难得到结果，但我们通过其他人的感受入手的话便能看清别人眼中的这本书的构架，这是作者花大量时间研究总结出来的宝贵经验，用思维导图把这种经验梳理出来，这便是精华的精华。

《图解佛教》

　　我算不上一个佛教的信徒，但我非常热忱于学习与佛教相关的知识，抛开宗教的角度，从它的历史、文化、艺术而言，它散发出的大智慧深深吸引着我。我将这张导图放到本章节最后一篇来讲述，正是因为需要有严密的绘制步骤和技巧才能充分展示出它的广度和深度，才能让读者体会到它的内在含义。佛教的基本教义认为"世界是痛苦"的，认为世界和物质都是"无常"的，万物的联系是"因缘"而起的。它的表述仿佛揭开了世界的美丽面纱，正如教义中认为人生的八种痛苦，我们都会经历生老病死，终将面临爱别离。在我看来，当我们正视这些问题的时候，它不但不会让我们感到悲观，反而让我感到无穷的力量，它让我们在烦恼、焦虑、愤怒、悲观中学会自我调节，让我们懂得珍惜当下，让我们在黑暗、逆境、失望、失败中学会坚强。

佛学思想中凡事都讲究缘分，我对它的内涵文化产生浓厚的兴趣也是源于一次偶然。很多年前我在四川峨眉山旅游的时候，由于当时要接待几位国外的重要朋友，为了向他们更好地传播中国文化，于是我就先到峨眉山熟悉情况，在峨眉山的报国寺，我就请了专业的讲解员为我介绍佛教的基本知识。直到今天，我都清晰地记得那位讲解员先从寺庙的建筑布局、石刻的加工、佛像的建造开始一一介绍，然后再到佛教的发展历史、礼拜步骤、名词含义等方面都进行了详细说明，这让我感觉到佛教艺术的魅力。从那时候开始，我就结下了与这门学问的缘分，学习这张导图，也是我与你的缘分。

因此，我的绘制目的是尽量详细，尽量让读者对佛教的框架一目了然，这也是这张导图有众多分支的原因。在梳理的过程当中，我参考了《图解佛教》一书，这本书从佛教的历史到教义、宗派、修行方法等都进行了比较详细的介绍，但是其中有较多的篇幅描述具体修行的方法，我认为这是我们不必要了解的，因此作了删减。整理出草稿以后确定，从"发展""分类""常识""教义"四个方面展开导图。

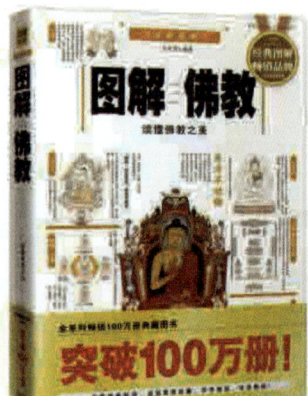

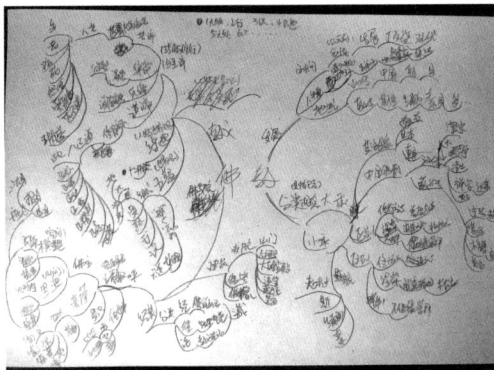

　　从主干"教义"开始，在分支展开方面如何将繁杂的内容从书中提取，这让我思考了很久。反复阅读和划重点后我确定，从理论、人生观、世界观三个方面来展开，用佛教的词语解释就是"四谛""缘起""五蕴"的概念；对教义进行了比较清晰的梳理以后，主干"发展"相对简单，"常识"和"分类"都需要详细地刻画，这里我又再一次绘制了局部导图草稿进行确认。主干"常识"是我重点刻画的部分，它包含的知识面很广，从对佛的认识到基本名词的解释，如果不了解有可能会闹大笑话，所以分支的走向和方式都需要认真考虑，我把它归为"建筑""称呼""经书"三个方面来描述；在"分类"上，用"大乘"和"小乘"两个分支来描述概念的区分，对比阅读，方便记忆。

　　这张导图的创作方式和前面的《易经》用了相同的方式，黑白导图给人平静的心理，但它丝毫不影响对知识的归纳能力，我将佛字象形为僧侣虔诚礼拜的样子，用水墨的笔锋勾出主干和分支，最后在中心图旁边盖上红色的印章增强画面"重心"，完成整幅导图的绘制。

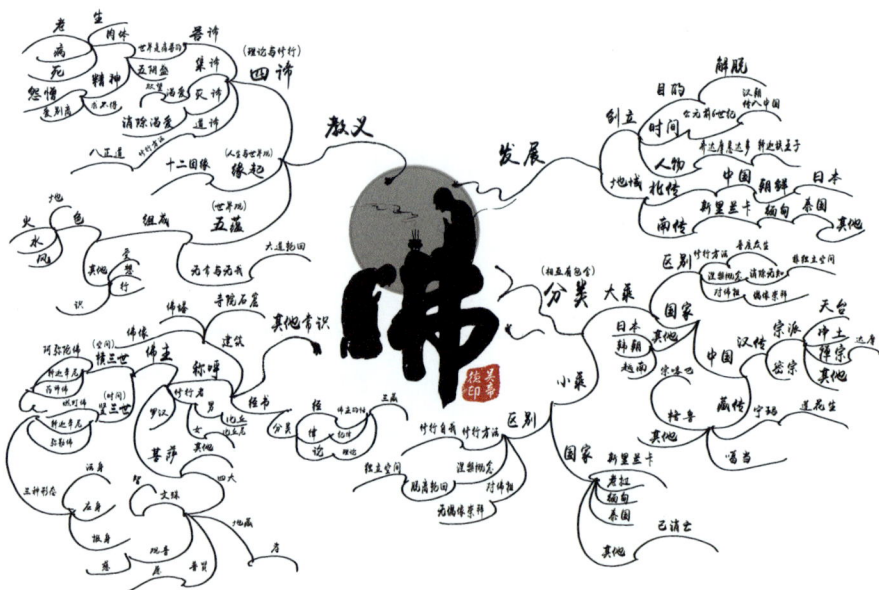

本张导图总结

　　我们用导图梳理书的内容一是为了更好地消化，二是为了更好地复习。佛教内容是相当繁杂的体系，即使通过看书有了一定的印象，但时间长了必定会混淆很多概念，这时，我们就需要一张清晰的导图来帮助我们回忆。如果我们养成看书做导图的习惯，如果我们书柜里的每一本书都配上一张这样的导图，它既能代替目录又能高度总结内容，能让我们在需要的时候用很短的时间转变成自己的知识，那么，我们的书也就真正发挥出它的价值了。

MIND MAP

12
思维分析与梳理

电子游戏概览

如果说到目前为止我们都是在对思维导图的知识学习和知识整理方面运用的学习，那么这一章开始，我们将从一个全新的角度开始认识它，包括下决定、找缺点、做决策。

就家长对孩子的教育而言，提到游戏一词大多数家长都持坚决的反对态度，认为游戏百害而无一利，一旦孩子触碰游戏相关的东西就会被严厉斥责甚至打骂。这里，我们不妨用思维导图的方式来客观地梳理一下它的相关内容，帮助我们客观认识和判断。

在此，我暂不表达我对游戏的观点，让我们通过思维导图的绘制来进行较为客观的判断。这张导图的背景截取自中国设计师创作的PS4游戏《鲤》，画面颜色的搭配让人心情平静。我按脑子里闪出的思路，将游戏主题按"意义"（能直接想到的好处和坏处）、"设备"（现有的最流行的游

游戏类型

意义

好处
- 想象力
- 反应力
- 记忆力
- 逻辑推理
- 满足感
- 挫折容忍
- 题材多样
- 操作多样
- 数据庞大
- 思维拓展
- 其他
- 快乐,自信
- 沟通
- 团队协作
- 朋友之间
- 艺术鉴赏
- 其他
- 音乐
- 情感
- 常有联系

坏处
- 暴力
  - 心理影响
- 上瘾
  - 与用时间
    - 学习
    - 工作
    - 心理健康
  - 与体健康
    - 卫生
    - 眼睛

游戏类型
- 幸福主义
- 感人的故事
- 角色扮演
- 深入
- APP的挑战
- 锻炼力
- 较好意志
- 棋牌
- 语言
- 其他
- 运动
  - 足球等
  - 摔跤等
  - 音乐
  - 动作
    - 射击类
    - 打打斗斗
    - 刺激感
  - 竞速
- 团队意识
- 审视节奏
- 多元与耐心

设备
- 电视游戏
  - 索尼
  - 任天堂
    - (较新)
    - 其他
  - 微软
    - xbox
    - HTC
    - 较旧已淘汰
  - VR
    - PS4(最新)
    - WiiU(最新)
- 掌上游戏
  - 索尼
  - 任天堂
    - (广泛)
    - 其他
  - 掌机
    - PSV(最新)
    - 3DS
- 手机
  - 系统
    - 苹果
    - 安卓
    - VR

戏设备）、"游戏类型"（对游戏内容的阐述）三个主干展开说明。画出主干"意义"之后，我按"好处"和"坏处"两条分支展开，这里便开始进入沉思，把归于游戏的好处和坏处都用分支形式展开。因此，好处方面我想到了它有助于想象力、反应力、记忆力、逻辑推理、满足感、友谊、艺术鉴赏，并在三级分支上展开说明理由；在坏处方面，我列出了占用时间、易上瘾、影响身体健康的因素，并同样细化说明。在主干"设备"的绘制上，我分为"电视游戏"和"掌上游戏"两个方面来列举，并细化出具体的游戏机和游戏厂商。在最后一条主干"游戏类型"方面，我一边参考游戏网站一边思考，将内容分为若干的分支来描写。在美工方面，由于截图本身就是一张非常美丽的图片，有小鱼和荷叶，因此不需要其他配图显得画蛇添足。

当我完成整幅导图并回过来观看的时候我发现，通过对相关内容客观的梳理，游戏其实是好处大于坏处的，从智力方面、生活方面，它具有其他东西无法代替的优势。细观分支"坏处"不难发现，它所列出的原因我们都可以通过自我控制来很好地解决。简而言之，通过这篇思维导图，我更清楚地看出，游戏是一把双刃剑，好好利用我们不但能体会到很多课本上体会不到的东西，还能让生活更阳光快乐，让大脑充满活力。但是如果沉迷其中，必定会影响学习和身体健康，正是因为一些青少年缺乏自制力，所以这也是万千家长担心的主要原因。

本张导图总结

判断和思考某件事情的时候，我们的固有观念也许会让我们看不清问题的全貌，思维导图可以让我们和自己对话，用比较客观的方式重新认识问题，同样的事情，通过导图的梳理也许就会得出不一样的认识或者判断。

企业SOWT分析

SOWT分析是指将企业内外部条件各方面内容进行综合和概括，从四个方面Strength—优势、Weakness—劣势、Opportunity—机会、Threat—威胁来进行自我审视的一种分析方法。有时，一个企业长期处于发展缓慢或者停止发展的状态，管理人员又无法找到更细节的原因，那么，运用思维导图或许能让你有所收获。思维导图可以与SOWT分析方法完美结合运用，通过绘制看清企业内部存在的问题。

这张导图我以某思维训练培训学校为例进行梳理。按照SOWT分析法的标准步骤，将它的四个分析方向绘制成主干，即"S优势""O机会""W劣势""T威胁"。明确了这四个方向，那么这张导图的重点就应该属于思想层面，在每一条主干上充分发散思考。首先，想到该公司的优势，我觉得它的思维培训课程体系科学完善，和其他同类型机构对比起来它的教材显得非常具有专业性，每一本教材都是国家正规出版书籍，并不是一些复印的内部资料，因此这一点明显属于"优势"范畴，我将它归为S主干。进一步思考，它的课程核心竞争力应该都是教材的专业性，所有的教材都是自己团队的专家编写，所以进一步分支展开说明。另外由于该公司的教师具有过硬的专业和教学水平，受到广大学生和家长的一致认可，我将口碑优势和教学风格的独特性进行了列举；进一步在主干"O机会"上，该公司目前正与多家异地机构洽谈合作事宜，同时也吸引着一些业内的优秀老师加盟，在业务方面也受到来自各种类型企业的合作邀请，这些都是该公司面临的机会，简而言之，把握得好就能有所发展，把握不好就会停滞不前，因此都归为"机会"主干来展开；与之对应的"W劣势"方面，我列举了该公司师资不足、宣传滞后、硬件欠缺、后续服务跟进不足的问题；最后，主干"T威胁"展

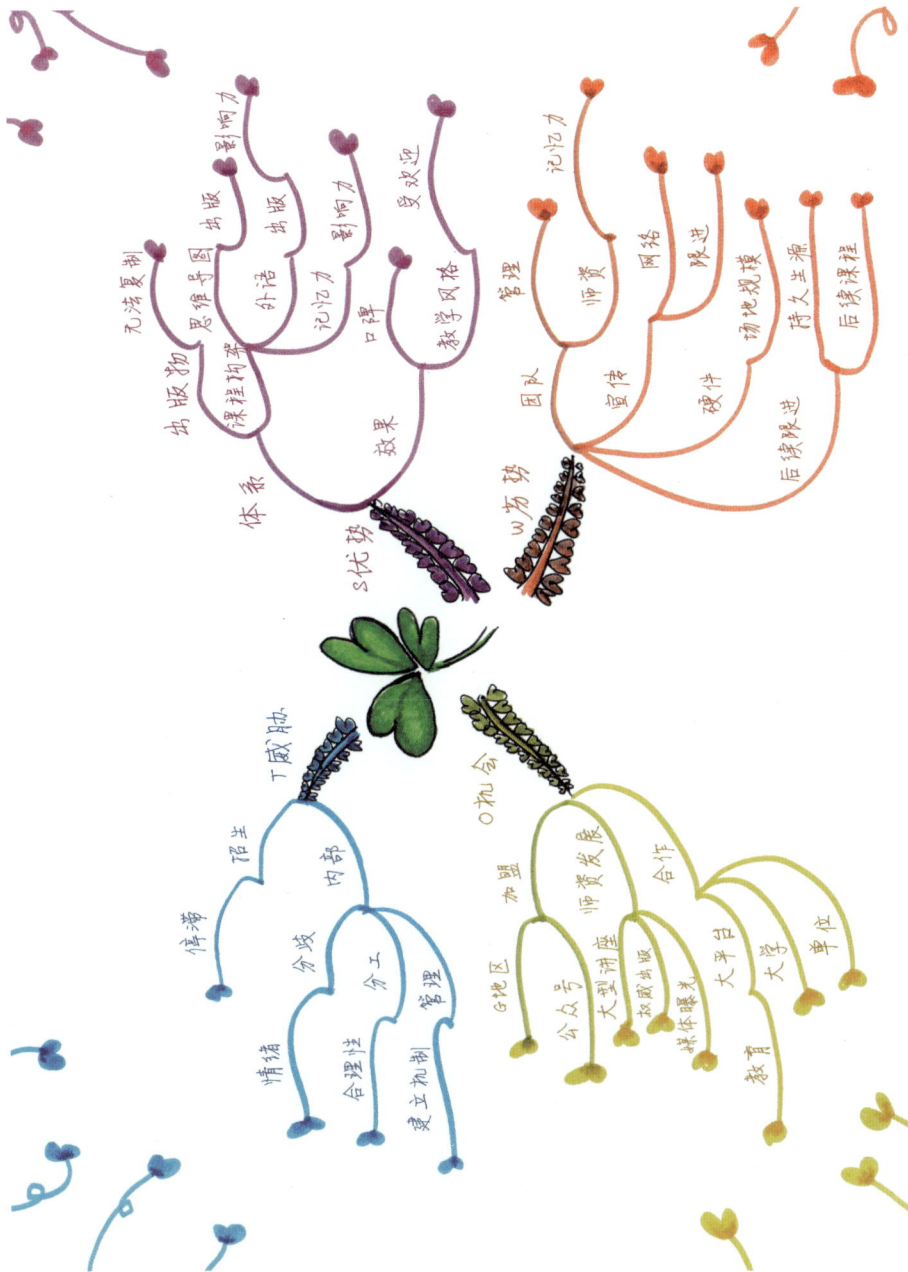

S优势
- 体系
  - 出版物
    - 无法复制
    - 思维导图出版
  - 课程构架
    - 外语出版
    - 记忆力
    - 口译
- 效果
  - 教学风格
    - 影响力
    - 影响力
    - 受欢迎

W劣势
- 团队
  - 智理
    - 记忆力
  - 软件
    - 师资
  - 硬件
    - 阿拓
    - 跟进
- 后续跟进
  - 场地规模
    - 待开发源
    - 后续课程

T威胁
- 内部
  - 招生
    - 信誉
  - 分歧
    - 分工
    - 管理
- 合理性
  - 情绪
  - 合理性
  - 建立机制

O机会
- 水盟
  - 师资发展
    - G地区
    - 公众号
    - 大型讲座
  - 合作
    - 故宫出版
    - 媒体曝光
    - 大平台
    - 大学
    - 单位
  - 教育部

开的时候我想到，一个培训学校它的生源就是命脉，因此招生问题是最大的威胁，招生效果好学校相应就有业绩，反之则是最大的威胁，同样，内部方面也想到了股东分歧、分工、管理等问题。这样，通过SOWT四个方面便梳理了该公司的内部情况。这也让我明显地意识到了该公司存在的问题以及今后应该努力改善的方向。在绘制方面，由于分支显得较为单调，在末端加上叶子形状稍作装饰，以便提高整体的美工效果。

本张导图总结

SOWT分析法是科学有效地找出潜在问题的方法。用该方法定期分析或者开会讨论可以帮助管理者发现问题，从而进一步思考解决方案。它独特的结构让我们有依据地去细想，去分析，是适合绝大多数企业的最简单、最科学的方法。

高考专业选择分析

高考是几乎每一个中国家庭都会经历的，关于孩子的重要转折。选择什么专业？哪个大学？这意味着孩子将来人生的发展方向，多数父母也会为此伤透脑筋。这里，我们不妨借助思维导图的分析运用，为我们得出一个相对客观的认识，为孩子分析情况，征求他们的意见，明确未来的方向，从而得出较为理性的选择。

我以我的某个朋友孩子A君专业选择为例，进行导图绘制说明。首先，这张导图的第一步应该是主干的确认，这就需要和A君实际面临的选择联系起来，意向专业一共有三个，分别是外语、艺术和计算机，除此之外家人也支持创业，因此大概按照这样的四条主干开始绘制。美工方面我直接涂黑画了一个小人儿阴影并画上四个箭头表示对未来的迷茫，主干和分支上彩色的时候我特意将末端涂得较粗，靠近中心图的部分较细，寓意未来的路越走越宽广，这一点与传统导图要求的线条由粗到细的规则并不符合，但我认为不必拘泥形式，自己的导图自己做主。

第二步，按上述主干分别展开，以主干"外语"为例，A君对英语和日语都比较感兴趣，因此分支列出它们今后会面临的出路并写上缺点。当主干"外语"绘制完毕的时候不难发现，英语和日语都属于语言学习，面临的出路有很大部分相似之处，不同点在于城市的局限性和竞争力。说简单点，假设两门外语都能学到较高水平，英语就会有更多选择面，未来不确定性大但是希望也大。但是日语虽然其他竞争对手不多，但是对城市有要求，比如注定只能在上海、北京、广州等有日企的城市工作，所以对于父母而言，将来留在那个城市发展甚至立足安家等都是需要提前考虑的问题，也必须要孩子认识到的问题；同样，将主干"艺术"展开，可以看到工作选择面相对较少，而且前期投入大；再将主干"计算机"展开可以看到，要有比较好的出路必须掌握过硬的专业技能，如果A君在这方面兴趣不高，有可能变成低端技术就毕业，从而转变为毕业后从事完全和专业无关的工作，这样就会比起其他本专业的人而言欠缺竞争力；最后，将"创业"展开可以看出，这几乎是一条必须走到底的路，如果中途后悔则会变成既不具备大学学历，又无社会地位的痛苦境地，这就需要A君的强烈觉悟。在完成思维导图以后，家长结合家庭情况和A君的意见，参考思维导图给出的分析，最后选择了英语专业。这里我们且不论选择的正确与否，对于家长而言，他由最初的迷惑转变为确定，这正是思维导图带给他的收获。

本张导图总结

    不论是生活还是工作中，我们常常会面临各种各样的选择，不同的选择会带来完全不同的结果甚至完全不同的人生，我们都无法说明某个选择绝对正确或者错误，但我们能用科学的方法将信息完全展开，让自己脑袋清晰理性地看到这些信息，这样一来，至少能保证我们不会做出糊涂的选择。

MIND MAP

13
计划与策划

暑假计划

思维导图的计划与策划功能是非常容易上手的，当你开始尝试，你会发现它不同于以往的笔记式计划，它伴有梳理思路的功能，让我们能想到要去做的事情越来越多，也让这些事情分类清晰，让我们目标更加明确。

这张导图的灵感来源于我在课堂上的讲义，当时我一边在黑板上绘图一边教学生画思维导图的步骤，以及这个过程中具体是怎么思考的。我以《暑假计划》这个命题为例进行说明，但实际上那个时候我并没有真正对暑假进行任何安排，仅仅是随意列举了一个命题用来说明导图的绘制步骤，但是在绘制过程当中，我的脑袋里迸发出了很多想去做的事情，我想，这应该就是思维导图的神奇之处吧。如果不画这张图我可能不会主动去作任何计划，但通过它的绘制，我居然有了意外收获，不知不觉地将暑假的时间做了计划安排。

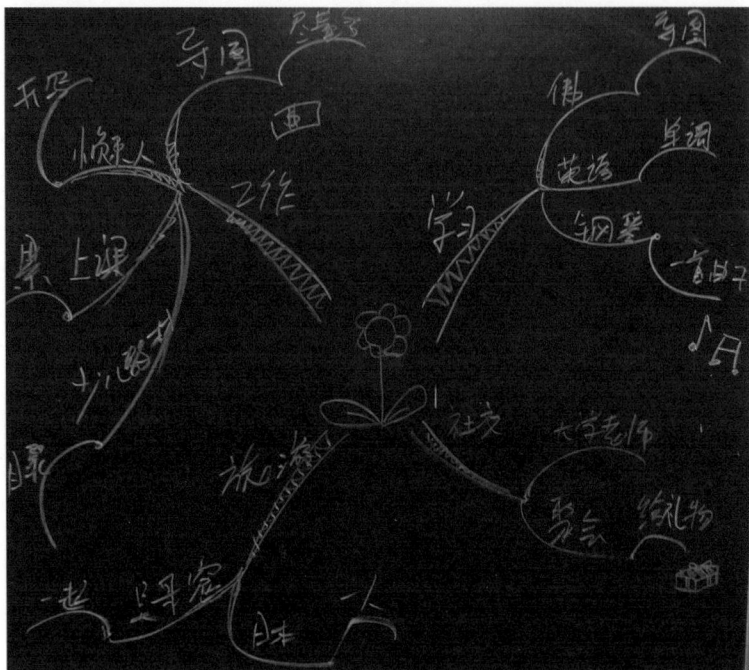

　　我把教学时画出的导图作为草稿，手机拍下来以后回家便换了一种更漂亮的方式重新绘制。这张导图的设计初衷是：导图的分支绘制步骤都是由中心向外发散的，为什么不能从四周包围中心呢？如果是这样，什么样的图片既能符合中心意思，又能代表分支呢？于是我想到了放飞的气球。这幅思维导图的内容因为完全参照草稿，所以我只需要分清楚有几条主干，几条分支，然后写上关键字即可。因此我先在四周随意画上了很多气球，接着从外向内画出气球线代替分支和主干，在它们接近中心的位置打结，这样便成了一幅特别的思维导图——没有中心图的思维导图。在内容方面，我将计划按我平时的生活板块分为"学习""社交""旅游""工作"四个部分，通过展开的方式，我梳理了每个板块在暑假应该完成的工作或者定下的目标。

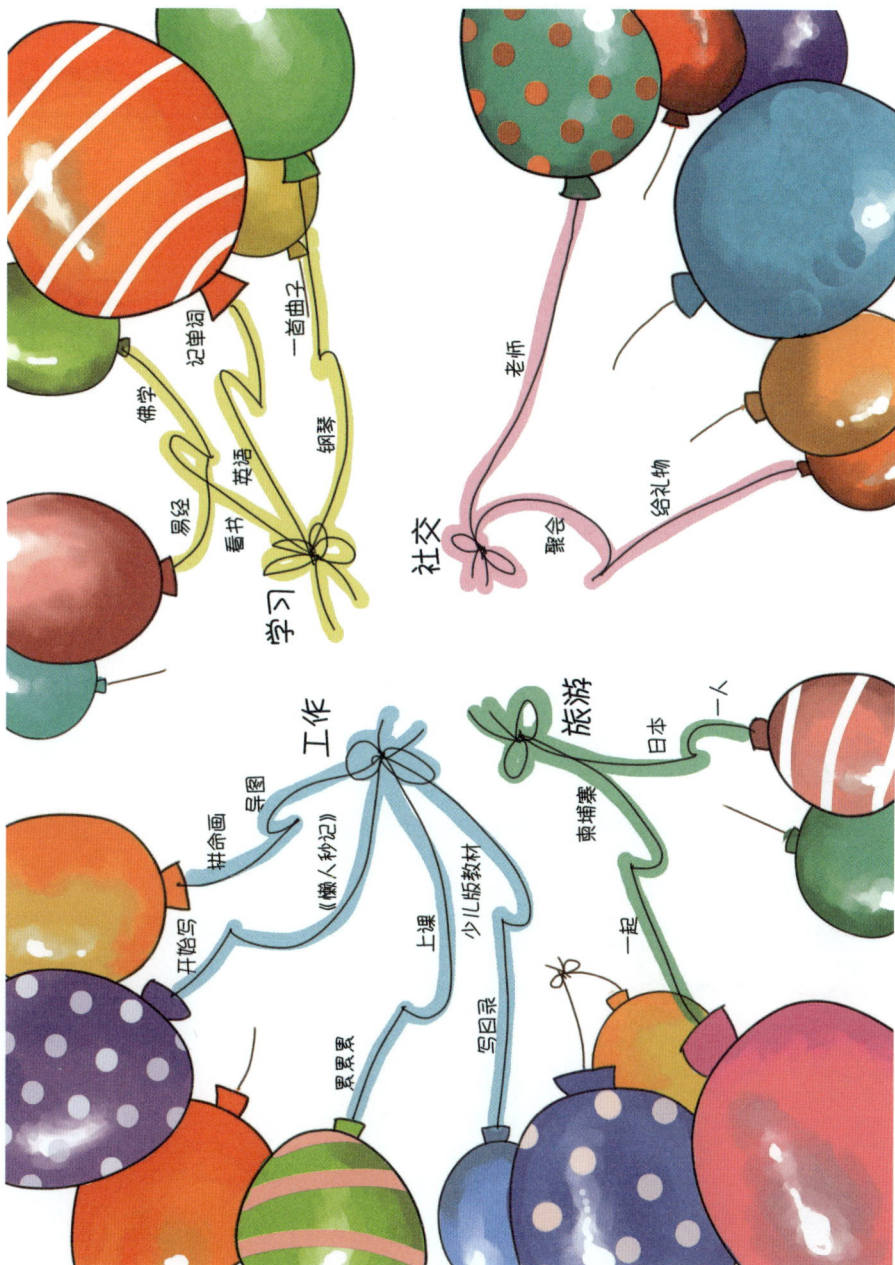

学习
记单词
一首曲子
佛学
钢琴
易经
英语
看书

社交
老师
给礼物
聚会

工作
画图
拼命画
导图
《懒人秒记》
开始写
上课
少儿版教材
累累累
写日录

旅游
一人
日本
柬埔寨
一起

本张导图总结

　　导图的表现形式多种多样，表面上看这是一幅没有中心图的思维导图，但实际上我们在阅读的时候视线还是从中心开始，这是因为这张图在美工方面用透视的方法将我们的视线引导至中心。在内容方面，通过简单的思考将计划分成了四个方面来制订，这是以往的记笔记做计划的方法无法代替的。思维导图是先划定分类，然后细想，而笔记则是没有分类的罗列，这样会让我们的大脑毫无头绪，更没有按计划实施的动力。另外，这张导图简洁清爽，它还起到了"闹钟"一样的提醒作用，制作一张美美的思维导图挂在墙上，也不失为一幅特别的装饰品。

一天的琐事

　　我们来看这样一个例子：两位在商贸公司的员工A和B君，一次领导让A和B君分别联络C先生商务考察团一行的具体事宜，两个人的情况分别如下：

A君的情况

领导："联系到了吗？"

A君："联系到了，他们说可能下周来。"

领导："具体几号？"

A君："这个没问。"

领导："一行多少人？"

A君："您没让我问这个啊！"

领导："那他们是坐火车还是飞机？"

A君："这个您也没让我问啊！"

B君的情况

领导："联系到了吗？"

B君："他们乘下周上午10点的飞机，大概下午1点到，一共有5个人，由他们部门经理李先生带队过来，我跟他们说了，到时候我们公司派人到机场迎接。"

领导："好的。"

B君："另外，他们计划考察两天，具体行程到了以后双方再细谈。下周会有车博会召开酒店会非常紧张，我建议为他们把酒店订到公司旁边，如果您同意，我明天就预定。"

领导："好的！"

上面的例子在我们生活当中每天都会发生，同样的事情，有的人做得非常细致，做事情的时候有着主动解决问题的能力，而有的人虽然有执行力，但不会细想每一件事情展开后的连锁问题，不具备处理问题的能力。将"大概"变成"精细"，做"局部"想到"细节"，这正是我们思维导图用于计划和策划的能力，也是我们需要锻炼的能力。每个人的每一天都会遇到和处理各种各样的事情，有的是重要的工作，有的是生活琐事，如何有条不紊地将每一件事情做好，这就需要有一个简单的规划，思维导图不仅可以对长期的未来设定目标，同时，它也能对每一天甚至每一件事情进行规划。

如果一个人一天面对很多杂乱的事情，那么他难免不会丢三落四，在此，我以我自己作为一个奶爸工作和兼顾带孩子的一天为例，用思维导图进行说明。一般来说，如果我们一天的事情比较繁多，我们会写一个备忘录提醒自己，形式大概如下：

    1. 给宝宝做辅食；

    2. 买菜；

    3. 上网课；

    4. 给宝宝买袜子；

    5. 培训老师；

    6. 写书；

    7. 联系出版社确定宣传事宜；

    8. 给宝宝预约体检；

    9. 寄快递；

    10. 带宝宝游泳；

    ……

上面虽然用列表的形式将一天要做的事情罗列了出来，但是，我们丝毫没有头绪也没有效率，如果按编号1到10的顺序去做每一件事情，那么我们将会浪费掉大把的时间，但是如果我们按事情的优先顺序选择性完成，完成以后就在后边打钩记录，这样我们又会觉得事情相当烦琐，简而言之，达不到高效。如果我们用思维导图的方式，我们可以发现，其中，关于宝宝的事情有1、4、8、10几件，所以我们完全可以用主干理出"宝宝"；然后4、9、5都属于需要外出完成的事情，因此可以把它归为主干"外出"，其中第4给宝宝买袜子一项和第一条主干内容重合，但它却属于需要外出完成的事情，因此我们把它分到第二条主干这里；其次，3、6、7都属于在家完成的事情，因此我把它归纳为主干"在家"；最后剩下第2项，这让我想到了做饭的一系列事情，因此我把它归为主干"做饭"，这样一共四条。通过导图的分层结构，我对列出的事项做了初步的分类处理，目的是让我们把事

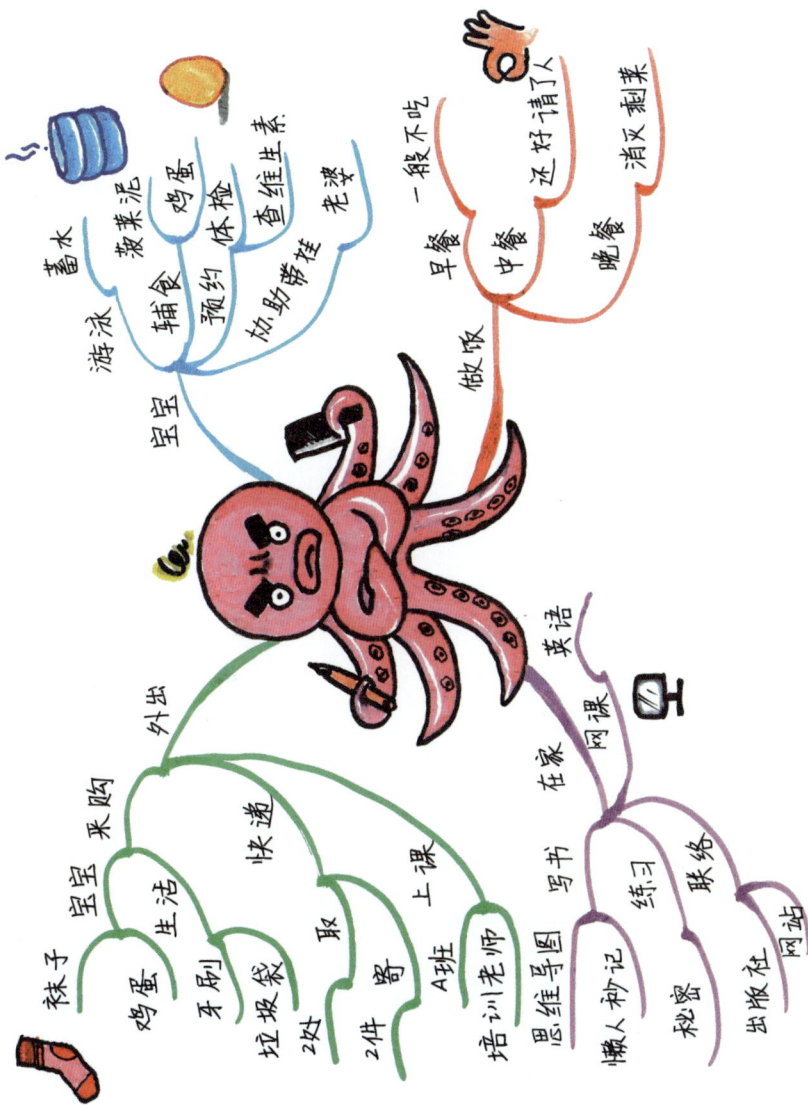

蓄水

液菜泥

鸡蛋

辅食

预约

体检

协助帮挂

查维生素

老婆

宝宝

海泳

一般不吃

早餐

中餐

还好请了人

消灭剩菜

脆馅

做饭

英语

网课

在家

外出

写书

练习

联络

采购

宝宝

快递

上课

思维导图

懒人抄记

秘密

出版社

网站

袜子

鸡蛋

生活

牙刷

垃圾袋

耶

2处

A班

器

2件

培训老师

情做到更好。比如，在"外出"主干上，除了第4项给宝宝买袜子外，它还提醒我，应该顺便把别的事情也做了，买袜子的同时可以把家里快用完的鸡蛋提前采购了，还可以把快用完的牙膏、垃圾袋等一趟买回来，虽然后两个原本不在我的计划之内，但是我通过展开绘制分支的过程，把有可能明天后天会做的事提前做了。同样，第9项寄快递我能顺便把存放已久的快递取了；在"在家"主干上，除了罗列出的事项以外，我还想到必须要做的思维训练，在分支"联络"方面，我又想到顺便把公司网站的进度问题通过电话沟通好；在主干"做饭"方面，结合自己的情况我请了保姆，因此不必占用时间；在主干"宝宝"方面，我将换尿布、散步等总体归为分支"协助带娃"，然后将其他各个事项展开。

这幅导图的美工设计没有耗费太多的时间，用水彩笔手绘画上八爪鱼代表每天手忙脚乱的感觉，最后在各个较为重要的分支上画上配图提示，这样便完成了这张形式较为标准的思维导图。

本张导图总结

结合这张导图每一个事项展开时作者的想法，你还记得文章最初举的例子吗？也许你会觉得A君做事没有主动性，缺乏工作能力，但在现实生活中，这样的事情也或多或少地发生在我们自己身上。本可以做得更好的事情我们没有深入，不知不觉让我们错过了很多机会，如果我们做每一件事情都像B君一样，毫无疑问，事业上一定会节节高升。

宝宝和妈妈的一天（软件绘制）

到目前为止我们看到的所有导图几乎都是手绘完成，没有使用专门的思维导图软件，在这里我将用一张导图的绘制来说明用软件绘制的方法。如果说通过上一篇《一天的琐事》我们已经知道内容思考的精髓，那么这一篇就是它软件制作的"姐妹版"，只是我将主人公换成了宝宝和妈妈。就我个人而言，我比较推崇手绘导图，我认为它有很多软件无法代替的优势，第一，自由度高；第二，随时随地方便；第三，有绘画的乐趣会让我们产生主动欣赏的心情；因此整本书我几乎完全在讲手绘和思考的过程，设计软件制作教学较少。我希望通对运用的实例说明让读者们懂得它真正的使用方法，从而把"知道，但自己不画"的现象转变为"我懂，我平时就在画"的目的。说到思维导图的软件，它自然也有一些优于手绘的优点，比如整洁性、展示性、传播性等，导图的相关软件在今年发展特别快速，各种思维导图软件琳琅满目，它如同我们电脑办公的基本配置软件Word、Excel、PowerPoint一样成为办公管理必备软件。在此，我为大家推荐两款我个人认为使用很容易上手的导图软件，一款名为iMindMap，这是思维导图发明人托尼博赞先生公司出品的官方软件，另一款名为NovaMind，是一款功能相对简洁，但使用非常方便的软件，这里我们以iMindMap为例进行绘制步骤的说明。

运行iMindMap软件，它的星空界面非常漂亮，整体控制界面和PowerPoint非常相似。进入界面后按图示选择创建mindmap：

首先确定中心图：

　　说到宝宝和妈妈我想到了游戏里可爱的马里奥救公主的场景，游戏的关卡场景都设计得非常美丽，因此我选择马里奥的卡通版本插图作为中心图，该插图来自网络图片。

　　iMindMap绘制主干和分支的步骤非常简单，在图片任意位置可以添加主干，用鼠标拉动主干的弧度和位置，在任何一条主干或分支的末端停留鼠标都会有图示的三种选择，第一个是添加气泡，第二个是添加分支，第三个是添加箭头，按照事先画好的草稿展开全图完成基本绘制。（如果是没有草稿直接使用软件，那么步骤就是一边

添加分支一边输入关键字）

　　iMindMap提供了分支的各种风格，有手绘线条以及一些固定模板，这里我选择了虚线风格。完成枝干的制作以后便添加文本框输入关键词，iMindMap的关键词输入设计得非常方便，点击主干和分支的任意位置便可以在他们上方输入文字，然后根据需要调节大小和颜色，也可以用添加文本框的形式让关键字的位置更加自由。完成关键字的输入以后便用马里奥的素材添加配图，该图片同样来自网络。

喂食
- 母乳
- 奶粉
- 喝奶
- 米糊
- 辅食
- 蔬果泥 加入米糊
- 喝水
- 2点左右 奶后
- 补充维生素
- 药粉加入辅食

宝宝清洁
- 洗脸
- 反不湿 大小便
- 洗澡
- 游泳
- 头发
- 指甲
- 洗澡
- 其他
- 清洁 护理

其他
- 清洁
- 食物、餐具
- 餐具
- 玩具
- 乐购
- 宝宝空间
- 大人空间
- 被子！衣服

活动
- 游泳后
- 运动
- 体育操
- 训练
- 室内
- 室外
- 爬行垫
- 嘴色
- 翻身
- 少量
- 坐
- 站
- 次以
- 散步
- 出门
- 隧道

iMindMap是众多思维导图软件当中最接近手绘风格的一款软件，熟练运用它便能体会到软件带来的效率优势，用电脑制作出大量漂亮的导图，而且非常方便传播。

本张导图总结

用软件绘制思维导图其原理和步骤与手绘并无区别，只是用电脑的操作代替了用笔的过程，软件制作的导图方便保存和传播，制作步骤简单，也是办公的发展趋势，它能够结合PowerPoint等办公软件进行演讲说明和其他展示，这一点是手绘导图无法取代的。我们可以根据自己绘制导图的目的，自由选择手绘或是软件的方式。

校园晚会策划

思维导图的魔力在于将"无"变为"有"，将"没有点子"变成"有点子了"，这好像挤牙膏一样，通过导图将我们大脑中原本不愿意做或者经验并不多的内容一点一点挤出来。在活动策划方面，这样的体验尤其突出。这里让我们模拟时光穿梭回到高中时代，作为班长的你要策划校园晚会活动，让我们用思维导图体验一次"挤牙膏"的过程。

在设计这张导图的时候，我采用了水彩笔手绘鲜花，捆绑鲜花的彩带散开变成分支的构思，为了呼应主题渲染出热闹的舞台气氛效果，于是在导图的两边画上了舞台的幕布，在左下方点缀了两只鲜花。有了这样的设计构思，接下来就是填充导图的灵魂——分支和关键词。首先，策划一场活动我想到了需要提前做很多准备，因此我马上想到第一条分支"准备"。其次，晚会的内容是整个活动的主体，它包括具体有哪些节目和哪些人员参与，但这两项又包含非常多的细节，因此我将"人员"和"节目"分别画成第二和第三主干。最后，整个活动的操作流程，即实施也是重要的部分，画上主干"流程"后就基本确定了这幅导图的骨架。

如果说主干是导图的整体框架，那么分支就是每一层的梁和柱，从"准备"开始，我第一步想到宣传工作，具体实施的话应该是邀请、发广告等，下一步就是确定活动的主体——节目的具体内容，其中包括哪些人参演，内容是什么，再一步就是需要的道具，包括观众的道具和会场以及演员的道具等，这样一来，主干"准备"就被分为"宣传""确定节目""道具"三条分支；"人员"方面，需要确定演员、邀请嘉宾、志愿者、晚会观众，因此按这四条分支展开，并特别说明后勤（志愿者）的工作内容为助手、道具和协调三个方面；"节目"方面，我初步想到常有的一些表演形式如朗诵、舞蹈、唱歌等，用分支逐一罗列，但是为了有一些创意，我又在最后添加了分支游戏环节，增强节目的互动参与效果；最后就是"流程"的环节，我设想了一下实施这场活动按时间顺序应该要做的事情，于是用分支展开为"邀

请""宣传""彩排""节目细节""感恩活动"五个方面。

本张导图总结

我们常说要让专业的人做专业的事情，在本张导图当中我设想作为一名高中生干部策划一场校园晚会活动，虽然对于有这方面经验的人而言这是小儿科，但对于第一次的我而言，这应该是我能拿出的最好方案了。这让我想起一段讲述爱因斯坦小时候的故事，故事说到爱因斯坦手工课做好的板凳拿去给老师看，结果老师说："这个板凳做得太丑了，是我见过的最丑的板凳。"然后爱因斯坦笑道："老师，这不是最丑的，还有比它更丑的，这已经是我做的第三个板凳了！"对于我而言，校园活动的策划就像做板凳一样，我没有丝毫的经验，但通过思维导图挤牙膏的方式，让我有了新的突破。

苏梅岛出境游

行万里路，读万卷书，出行旅游是我们放松心情的常用手段，一趟精心计划的出游是一次美好的享受，但一趟毫无计划的出游，很可能变成一次"人在囧途"。毫无疑问，事先计划好每一天的行程可以提高旅行的性价比，用思维导图进行计划可以迅速给出方案，让我们减少疏忽，提高旅行质量，节约经费和时间。

故事的背景是这样的，我与几位好友相约假期带家人一同出国旅游，我考虑的两个因素是费用和目的地的舒适性，一番商量后大家锁定两个目标，海岛或者日韩游。有意思的是，我们相约的几位好友全是旅游工作者，包括我自己也有多年的旅游从业经验，所以在计划出行上都有很强的依赖性，不想亲自操刀，都相信对方能做得很好，但这样一来二去，反而延误了出行日期，临到假期快结束，结果大家连机票都没有落实。这让我们想起了"三个和尚没水喝"的故事，想想不能让假期浪费掉，也不能稀里糊涂地随便定一个行程，这时我第一时间想到了思维导图。

从旅游的行前准备到顺利归国，我在大脑中把整个过程分为三条主干来展开，即"出行制订""行前准备""出行"。有了主干思路的同时，整个导图的画面就已经浮现在我脑海中，由于我对海底的风景一直充满幻想，所以海底鱼群的画面顿时浮现在我的眼前，我决定用世界上最大的生物——蓝鲸作为中心图，并且决定把这张导图就像我憧憬的美丽风景一样，尽量刻画得精致一些。

在实际绘制的时候，海底让我想到了沙滩，沙滩让我想到了我们的备选目的地之一的苏梅岛，"梅"字又让我联想到梅花，所以我将鲸鱼涂成了桃红色，并且在设计主干和分支构图的时候，为了营造海底的气氛，我尽量将枝干画成海流的形状，加上一些背景颜色的渲染让整幅导图看起来有一些美感。在展开分支方面，我将整个"行程制订"主干分为"目的地""预算""行程内容"，这三点也是我们最需要提前考虑的内容，因此需要进一步再发散分支细节描述；一旦确认了旅游目的地和预算这些旅行中的主要项目之后，下一步就是将计划实施，所以主干"行前准备"方面就分为"护照签证""时间安排""行李"三点展开；只要

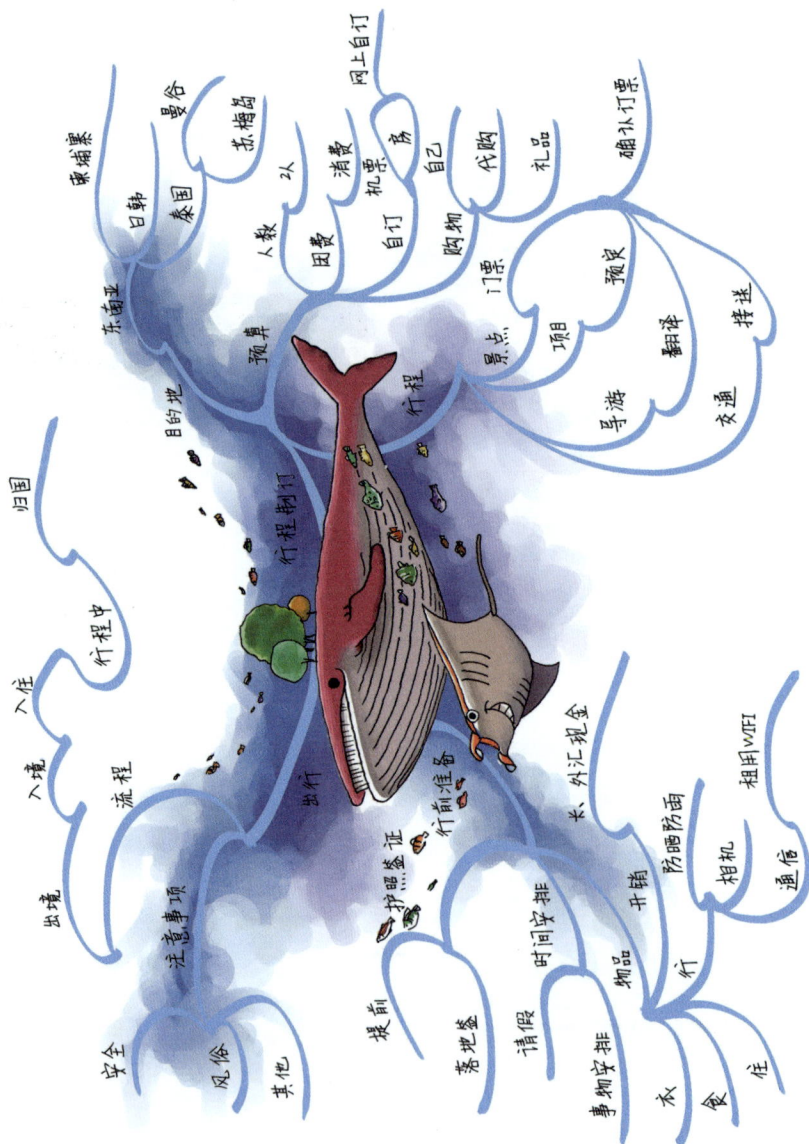

行程规划

行程中
归国
入住
目的地
流程
入境
出行
出境
行前汇总金
行前注意备
注意事项
安全
风俗
其他
物品
行
食
住
餐前
落地签
护照签证
申请
时间安排
事物安排
防晒防雨
相机
租用WIFI
通信
请假
东南亚
日韩
泰国
最省
柬埔寨
苏梅岛
人数
网上自打
消费
2人
团费
机票自打
自己
购物
代购
礼品
门票
景点
确认打票
项目
预定
翻译
接送
导游
交通
行程

充分完成了准备工作，真正出行的时候只需要将心情交给天气就可以了，所以在主干"出行"方面，我简单地列出"注意事项"和"流程"两点以作提醒。

当我完成整幅导图的时候，整个旅行的情况清晰地展现在我眼前，出行前的稀里糊涂和焦虑的感觉已经烟消云散，我将这张导图传到手机当中发给每一位团友，大家都表示阅读导图后已经清楚地知道了我的整体安排，同时，这张导图也提醒了他们各自应该准备的事情。

本张导图总结

这张导图除了展示出"计划"的功能以外，它还显示出了"开会"功能的高效性。虽然这本书我们无法通过一张导图来说明开会效率的运用实例，但是通过这张《苏梅岛出游》我们可以看出，用导图来传播绘制者的想法可以让导图的读者看得非常全面，如果开会过程当中我们使用思维导图在白板上一边画一边讨论，它可以很大程度提高会议质量，缩短讨论时间。

游轮环游行李准备

接着上一篇旅游的美好心情，我们再来细化一张相同主题的思维导图，我们将它划定在"行李整理"这个更小的模块上，看一看思维导图是否能有它的用武之地。

前不久我看到一则邮轮旅游广告深深地吸引了我，说的是乘坐游轮周游世界三十多个国家，为期三个月，这勾起了我周游世界的梦想，只可惜限于时间和财力，这则广告也只能看看罢了。但是我心中忍不住想象自己带着家人在旅游过程中享受自然、感受人生的美好心情，情不自禁地想到了收拾行李的画面。说到出行，我自然想到了衣食住行几个方面，所以我把主干按照这五个方面来绘制，并添加了"必备"一项，一共六个主干。这个主题我想到了能轻而易举到任何地方的哆啦A梦，而且哆啦A梦刚好有六根胡须，如果我用它作为中心图，用胡须展开变成分支，那不是很有趣吗？想到这里，我就决定了这个构图。

我先从主干"衣"开始绘制，这限定了我的思考范围，让我不用管其他只用专注想和衣服相关的行李，这就是思维导图高效性的体现，于是我马上想到应该分船上穿的和下船穿的，再包含一些佩饰以备满足爱拍照的人，因为这是包括全家人的行李，所以我必须考虑得全面。最终，分为五条分支"佩饰""出游""船上""泳装""运动"；在主干"食"方面，除了船上可以买到的东西以外应该照顾老人和小孩的口味带一些地方特色的食物和一些应急食物，所以这条主干被分为"喜好""应急"以及"饮料"三条分支；由于要在船上住三个月，为了保证住宿的品质，平时家里稍微常用的物品都应该考虑带上，包括个人物品、工作需要、学习需要三个方面，甚至考虑到现在电子设备多样，房间内充电插头有限，带上插座等也是必要的；"行"则是代表下船以后游览过程中需要的物品，因为游览旅游一般是停靠一个国家的港口后有上岸观光的行程，必须考虑到各种国家各种天气的应对，展开分支为"防雨雪""鞋""包""防晒"；"游"则是代表娱乐消遣，包括船上使用和游玩中使用的物品，我将它分为"电子设备""个人物品"两项，比如爸爸有画画写生的爱好，外婆有打扑克麻将的爱好等，因此需要特别提醒；在"必备"主干上，必须带上各种"证件""医药"以及最重要的"财物"，"医药"分支上应该考虑到各位家庭成员的常用药和保健品，应该特别注意。

这张导图的分支比较多，完成以后为了让画面不要太单调，画上了哆啦A梦的随意门和竹蜻蜓配图点缀，整幅哆啦A梦的胡须导图就完成了，希望它可爱的笑脸伴我们有一个愉快和难忘的环球之行。

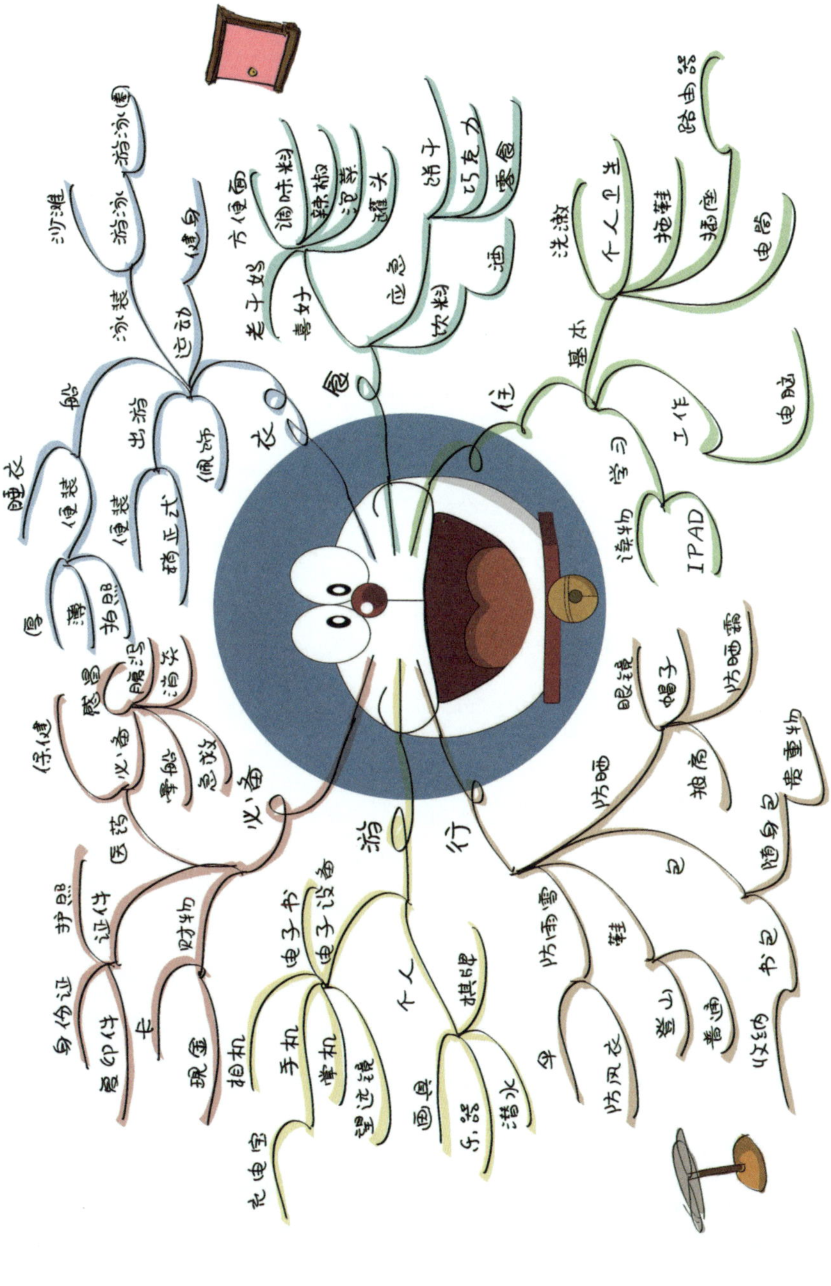
衣
船
便装
睡衣
厚
薄
拍照
出游
便装
稍正式
佩饰
运动
泳装
沙滩
游泳
游泳圈
健身
食
喜好
老干妈
方便面
调味料
辣椒
泡菜
罐头
应急
饮料
消子
巧克力
零食
酒
住
基本
洗漱
个人卫生
拖鞋
插座
路由器
电筒
学习
读物
IPAD
工作
电脑
行
防晒
眼镜
帽子
防晒霜
抽屉
包
随身包
贵重物
书包
收纳
登山
普通
鞋
防雨雪
伞
防风衣
游
个人
棋牌
画具
乐器
潜水
电子设备
电子书
相机
手机
掌机
望远镜
充电宝
必备
医药
必备
保健
感冒
腹泻
消炎
晕船
急救
证件
护照
身份证
复印件
财物
卡
现金

本张导图总结

　　和上一篇《苏梅岛出游境》思维导图有相似之处，它帮助我们详细地列出了每一个类型应该收拾的行李，同时作为一张"通知单"或者"行程提醒"，分发给全家人阅读，他们看到这张思维导图就会非常明白自己需要准备的行李，为这场全家人的幸福之旅做好充分的准备。

接亲流程

　　这篇思维导图应该算非常接地气的一幅作品，我也相信，在这之前，应该没有人做过这类主题的运用。回想几年前我结婚的场景，当时我接触思维导图不久，但是我用它策划了整个接亲的流程，我把它结合表格说明的形式打印出来分发给各位为我接亲的兄弟朋友，事后，朋友家人都称赞说安排得非常有秩序，衔接非常完美。遗憾的是，当时的那张导图已经没有了踪迹，但我凭着回忆中的样子重新复原了这张导图的样子。

　　当我在想用思维导图完成这个主题的时候，一幅东方丘比特的画面就出现在我的脑海当中，穿着中国带囍字的肚兜，拿着箭射出红线的样子，线展开再发散就变成了主干和分支。我发现，越到这本书的后半部分，我对思维导图的创意点子越多，这应该是导图激发大脑灵感的功劳，创新的乐趣和实用的好处正是我对思维导图保持高度兴趣的原因。

　　我梳理的大概内容是婚礼前一天的一些准备和第二天按照风俗迎接新娘的具体安排，我将主干定为"流程"（说明每个时间点干什么事情）和"安排"（哪个人负责哪件事情）两个板块。绘制的顺序应该是确定流程再具体安排人员分工，因此我先从主干"流程"出发，将它分为"之前"和"当天"两条分支，其中，"之前"包括需要提前预订的一些事项和婚礼前一天需要确认的事项。"当天"包含重要的车队板块、好友招待、出发和途中、接亲、婚礼进行时和婚礼之后几个板块。如果用文字描述整个流程，应该翻译为："前期需要确定酒店房间菜品，确定邀请的亲朋名单、结婚时间，双方商定结婚程序，然后落实准备。在婚礼前一天应该注意亲朋的招待，并且要到酒店确定现场布置、礼品拜访、酒水等宴席用品，以及住宿酒店的外地亲戚朋友的安排，最后确定时间。婚礼当天要安排好车队，提前布置装饰，接亲好友来到家以后再次确认分工，出发的时候规定好路线。到新娘家的时候要安排好朋友们的分工，保管贵重物品，接到新娘后要孝敬对方父母完成仪式，直到顺利接新娘到酒店换上礼服。婚礼的时候主要确认财物、敬酒、伴郎伴娘等事项，其他按照婚庆流程完成。"通过文字的阅读我相信你的感觉是——不知所措。

另一条主干"安排"方面，我对应左边的"流程"，将分支的内容换成了每一个步骤具体实施的人员。比如前一天现场布置拜托给好友范某，礼物运输和摆台等交给朱某等。整个婚礼过程特意安排一位好友随时陪伴以及全程拍照留念，这样就完成了整个内容的安排。

本张导图总结

导图实用的范围其实超乎我们的想象，生活中大到结婚、升学，小到日记、清单，工作中大到决策、立项，小到记录、笔记，"用"才是思维导图真正的乐趣所在，它是一把无形的思维瑞士军刀，当我们遇到很多琐事的时候，遇到重大事情的时候，只要是要我们动脑筋的事情，用思维导图都能得到意想不到的效果。

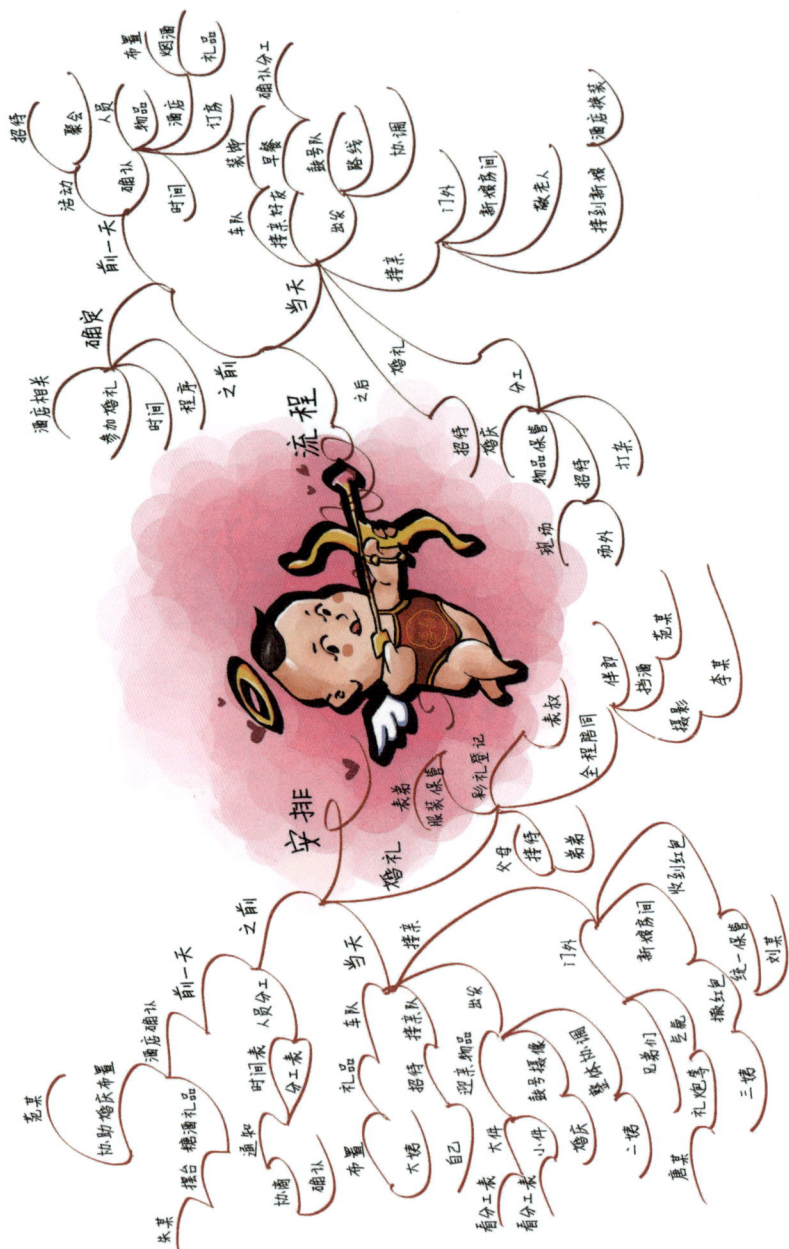

流程

安排

确定
- 婚庆相关
- 参加婚礼
- 时间
- 程序

之前
- 前一天
  - 招待
  - 聚会
  - 活动
- 布置
  - 人员
  - 物品
  - 婚庆
  - 订场
  - 烟酒
  - 礼品
  - 砌补公工

当天
- 车队
- 接主好嫁
- 装饰
- 时间
- 早餐
- 鼓号队
- 路线
- 协调
- 出发
- 接亲
- 门封
- 新娘房间
- 接老人
- 排到新娘娘家

之后
- 招待
- 婚宴
- 物品保管
- 打车

婚礼
- 采买保管
- 彩礼登记
- 表叔
- 表弟
- 全程陪同
- 父母
- 接待
- 嘉宾
- 新郎
- 伴郎
- 造型
- 摄影
- 寇某
- 李某

之前
- 前一天
  - 婚庆砌补
- 时间表
- 人员分工
- 通知
- 砌补
- 布置

当天
- 车队
- 接待队
- 礼品
- 招待
- 迎亲物品
- 鼓号摄像
- 督促协调
- 自己
- 大婚
- 看分工表
- 看分工表
- 婚宴
- 小伴
- 门封
- 新郎房间
- 鞭炮等
- 巴某们
- 撒红包
- 收到红包
- 三婚
- 二婚
- 唐某
- 礼炮等
- 寇某
- 刘某

寇某
- 协助婚庆布置
- 摆台 糖婚礼
- 张某

来年计划

用思维导图来做人生规划应该是学习导图运用的时候最常见的例子，为什么做规划的时候要特别强调运用思维导图？原因很简单，因为它的梳理功能让我们对自己的想法有清晰地把握，对人生目标有明确的认识。

为未来做计划似乎是导图最常用的功能，因此在这里我采用了最传统的标准绘制方式来表达这张导图的运用。画这张导图的时候是没有做任何草稿的，也没有事先对我明年的事情进行计划安排，通过这张导图的绘制我对明年的事情和目标方向变得明朗起来，这应该是我最大的收获。每个人对未来都是充满憧憬的，说到这个主题我就想到一双长着翅膀的鞋，画上这双飞鞋做中心图以后我把明年奋斗的方向分为三个方面，"事业""自我提升"和"家庭"，并用立体粗箭头表示主干。这里我们可以试想一下，我们在平时不会用思维导图做规划的时候，往往都是直接罗列一些目标，但是这样的方式让我们感觉对这些目标缺少方向性，当我通过"先分类后细化"的分层思维以后，通过上述三条主干，我奋斗的动力与激情便情不自禁地涌上心头。

在主干"事业"上，我分为"出版""公司""影响力"三个方面来展开，在分支"出版"方面，虽然阅读分支仅仅是线条和关键词的组合，但如果还原我大脑中的想法的话我是这样思考的："和出版社签订的少儿记忆教程必须优先完成，懒人秒记单词系列也有众多粉丝一直等待着出版，另外，画图背诵古诗词也是我和出版社老师商定的一本书，这也应该在明年写出大概的框架或者画出部分插图"；另外，分支"公司"方面，我的想法是扩张和建立团队，在进一步展开的时候又想到更多细节的问题；在"影响力"方面我目标定在提高专业性上，那就需要结合我自己的强项外语、思维导

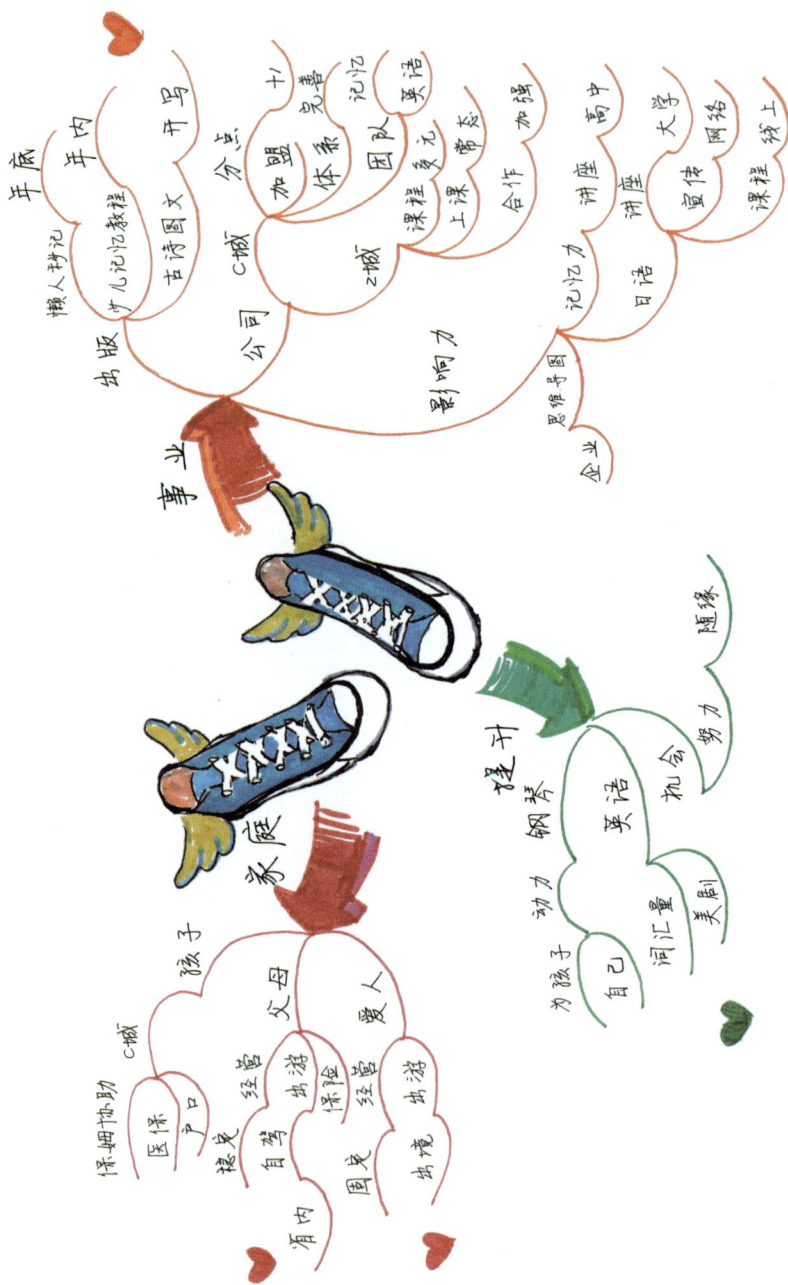

事业

公司

出版
- 懒人种记
- 儿心记忆教程
  - 手绘
  - 手内
  - 手写
- 古诗图文

C城
- 分享
- 加盟
  - 卡
  - 克普
  - 记忆

Z城
- 英语
  - 体系
  - 团队
- 课程复元
- 上课
- 课程
- 合作
- 水课

影响力

思维导图
- 记忆力
  - 讲座
    - 高中
    - 大学
  - 讲座
    - 宣传
  - 日语
    - 网络
    - 课程
    - 线上
- 企业

提升
- 钢琴
  - 动力
  - 为孩子
  - 自己
- 英语
  - 词汇量
  - 美剧
- 机会
  - 努力
  - 随缘

家庭
- 孩子
  - 保姆协助
  - C城
    - 医保
    - 户口
- 父母
  - 裙衣
  - 自驾
  - 经营
  - 出游
  - 国戏
  - 保陪
  - 肾内
- 爱人
  - 经营
  - 出游
  - 纺绩

图实战技能、记忆方法普及三个方面，我将它展开具体化。按照同样的方式，主干"家庭"是我奋斗的原动力，我将它分为"孩子""父母""爱人"三条分支来完成，对孩子而言上异地户口是我定下的目标，对于父母，我希望带上他们享受一次休闲的自驾游，对于老婆，那也至少要保证一次出国旅游，明确了这样的目标仿佛所有的工作加班都是值得的，思维导图把我的想法变成了画面。最后，每个人都必须不断地"自我提升"，这让我想起了重拾自己已经多年没有练习的兴趣——钢琴，以及必须加强的英语技能。

本张导图总结

梦想如果仅仅在停留在脑海中，那么我们可能不会时常去想它，不知不觉也许自己的努力就偏离了方向。我们把计划写在纸上，是为了提醒自己，鞭策自己朝着目标不断前行。现在，我们把想法完完全全通过思维导图这种方法画到纸上，它让我们更直观地明确自己的方向，仿佛为我们减少了前进道路中的迷茫。我将这张导图贴在办公桌旁边的墙上，它时刻提醒我，这就是我应该奋斗的方向。

MIND MAP

14
用导图作演讲

导游讲解

　　我从事将近十年的旅游和接待相关工作，期间也担任全国导游资格考试面试官，对于导游人员的心理、讲解当中遇到的难题方面，应该是很有经验的。这张导图我从一个导游员最基本的讲解出发，运用思维导图的原理学习如何拓展话题，如何做好讲解，如何随性演讲。身边常常遇到一些刚开始从事导游工作的人，他们的讲解完全停留在背诵的层面，背完内容就没有多余的话题讲解。作为接待外国游客的外语导游而言，讲解更是显得尤其重要，因为导游员自己就是外国游客了解中国的窗口，在旅途中看到的风土人情加上我们生动、由浅入深的讲解，那么这无疑是让外国人更加了解中国最好的方式；相反，如果我们讲解很少，或者在一些风土人情上不对他们进行说明，难免会让他们产生误解。面对他们，就如同和初次见面的朋友聊天，如何扩展的话题，如何让话题变得有趣，这是一个优秀导游员应该具备的素质。思维导图发散思维的方法，就是解决这个问题的最好方法。

请各位试想一下，现在面对一车第一次来中国的外国游客，车行驶在城市的繁华道路当中，由于交通堵塞或者等候红绿灯太多，你已经对旅游的行程进行了大概说明，这时没有了话题，你应该这么办呢？难道介绍第二天的景点？介绍中国的名山大川？介绍中国古代历史？我认为这不太合适，因为讲解应该应景。简而言之，看到什么说什么，这才容易引起别人的注意，引起共鸣。比如看到车辆，我们可以介绍城市的交通情况、私家车限行措施。看到车牌号码，我们甚至可以调侃中国人对数字的概念，中国人喜欢的数字。看到辛勤站岗的交警，我们可以介绍交警的工作时间，中国的交通法规，这就是合格的讲解。这样的思考方式告诉我们并不需要大段大段地背诵无聊的导游词，"看物说话"就应该是最好的讲解方式，这就需要我们高度地发散思维能力。

画这张导图的时候，我以游客到四川旅游为例，将主干按照行程分成两个部分，另外行程和时间单独列为一条主干增加整个旅途的全局观念。首先，我用火锅作为本张导图的中心图，由于四川是旅游大省，资源丰富，一般到四川旅游必去景点有世界遗产峨眉山和同样是世界遗产的九寨沟，而且车程相对较远，必须准备充分的话题介绍中国的美景和生活，这张导图发散开来的分支应该是整本书所有导图当中最多的一幅，所以我在左边耗时较长的一段路途讲解方面留出了大量的空间。由于这张导图分支数量众多，在此，我仅以左边"接机和去峨眉"主干当中的"出城"分支为例说明绘制时候的思考过程。在旅游的过程中，出城的过程由于堵车等原因往往是相对耗费时间的，如果这个时候话题毫无相关性或者没有话题，那么就会让气氛十分尴尬，通过经常看到的一些事物我们便可以充分发散找到话题。比如，看到广场舞可以讲中国老年人的休闲活动；看到餐馆我们可以讲地方特色小吃；看到银行我们可以讲消费观念；看到楼盘我们可以对比北上广讲城市发

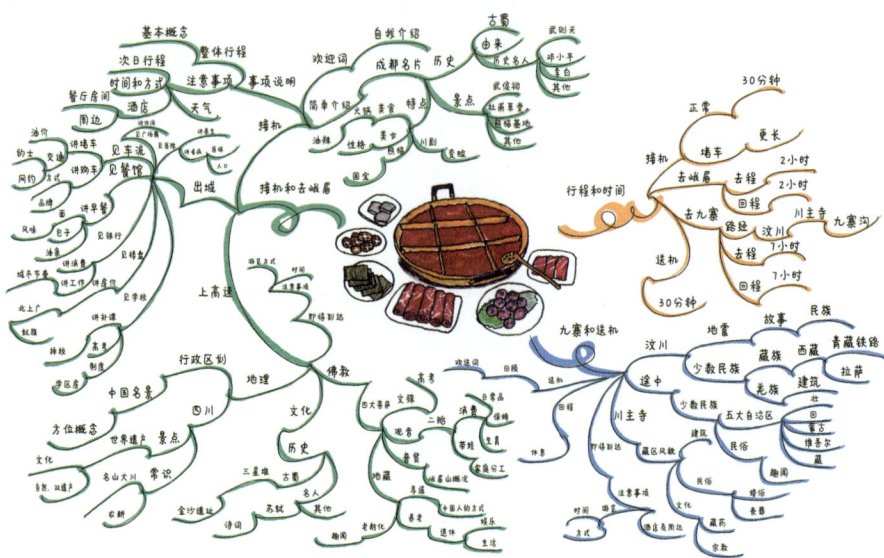

展；看到学校我们可以讲社会竞争讲高考等，这样发散开话题将会无穷无尽。这里，我们不妨再来考考大家发散思维的能力，对比这本书最开始的发散思维练习，看看是否有所进步。试想你是一位导游员，看到下列词汇你会如何发散思维给外国游客介绍什么内容？（部分答案可以参考本张导图）

文殊、观音、医院、加油站、手机、奢侈品店

本张导图总结

　　在导游职业技能当中运用发散思维能够很好地提高自己的业务水平，优秀的口才能够让我们的优秀更闪光。当我们脑海中一片空白的时候，不妨尝试思维导图发散的方法，这犹如用一颗小石子击打湖面，它将让你的大脑激起思维的浪花。

MIND MAP

15
着手解决和创意无限

写书的提纲

在我刚刚接到中国纺织出版社老师的约稿邀请的时候，虽然一口答应，但是挂完电话以后，如何写这一本关于记忆力训练的书籍，这让我思考了很久。市面上关于记忆力练习的书并不少，我应该如何区别于他们去写这本书？在我思考许久也没有任何灵感的时候，我想到了思维导图。

这张插图就是我当时绘制的思维导图，最终，我也将这本书

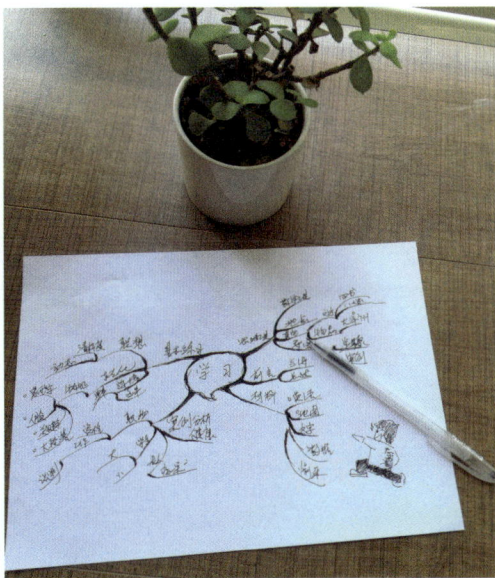

按照这个构架开始编写，我十分庆幸，通过思维导图的绘制让这本记忆力训练书籍在同类型书籍中显得更加特别。在这本书的编写上，我采用了不一样的视角，从一个自学者的身份，抛开所有方法名称分类似的传统学习方法，按照练习步骤和实战训练的顺序展开，很快便完成了书稿，这都归功于思维导图。原来那张原始思维导图现在看起来相当潦草，我把它当作草稿，在它的基础上重新绘制了一张彩色的新导图，将它和这本书的目录进行对比便可以发现两者的高度一致性。

回想我当时的绘制思路，首先，所有的记忆力教学书籍共同点是将各种记忆技巧和方法配合实例逐一介绍，我在阅读这些书籍的时候当时产生的困惑是："这种方法适合其他记忆内容吗？举例的例子只是凑巧可以用这种方法解决吧。"这样的想法使我很长一段时间记忆力没有任何进步，但当我阅读的相关书籍越来越多的时候我才发现，原来所有方法的共通点总结起来其实就是三个字——想象力，面对任何材料我们都可以用这样那样的各种记忆技巧解决，只是针对特定内容，用某种技巧更高效更合理罢了。于是，在我

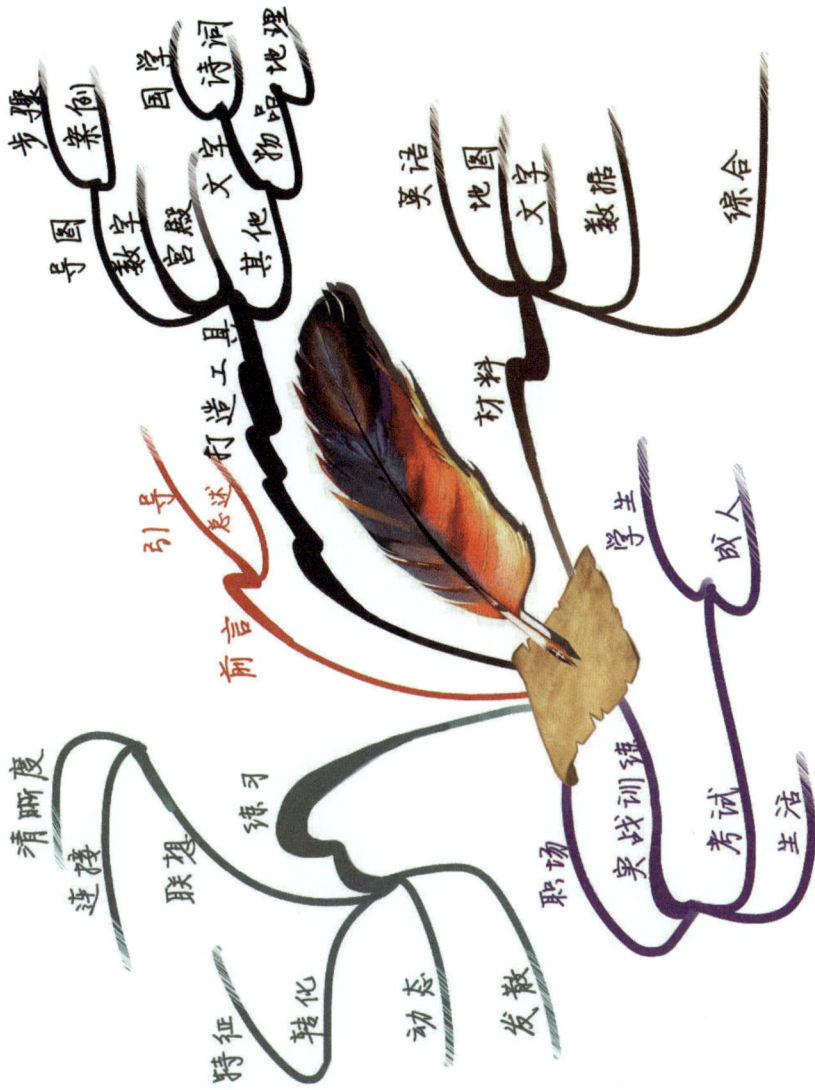

考虑写书的时候，为了让读者避免进入和我一样的误区，所以在书中我并没有把方法起上名字归类，而是重点叙述训练步骤。这样我便将主干分为"前言""打造大脑工具""材料"（挑选哪些读者可能会感兴趣的记忆内容）、"练习""实战训练"（海量列出生活工作和学习中遇到的各种记忆难题）五个方面来展开，除开"前言"，确切地说内容应该是四个方面。

通过主干的确定，顿时使我对书的骨架有了大概的把握，接下来通过分支进一步填充内容后，整个书的框架已经一目了然，这样一来，工作就只剩下按框架填充文字内容了。说实话，关于这本书编写的构思我并没有用太多的时间，现在回忆起来，大概接到电话后思考了半个小时，然后用思维导图画了二十分钟，就这么不到一个小时的时间，这本书（的骨架）就这么诞生了。

本张导图总结

随着对思维导图运用的熟练，你会越来越感觉到它的魔力，它能非常高效地帮助我们解决思考方面的几乎所有问题，它像一台有力的建筑机器，快速地搭建好地基和框架，我们只需要在这个基础上逐步添砖加瓦，逐步润色便能完成工作。

一款APP确定方案

懂得思维导图的人经常利用它激发自己的灵感，不管在我们从事哪一个行业，提交方案是常有的事情。假设我们是某个软件公司的职员，公司出品的手机软件大都得到市场的认可，创意就是公司的生命力。现在，部门领导要求每一个职员每一个月都要提交一款软件设计方案，让所有人都把脑筋转动起来。

设计软件对大多数人而言应该都是非常陌生的事情，这正好可以考验思维导图激发灵感的效果。在绘制这幅导图的时候，我先把范围划定到了"吃"的方面，我认为，吃是每个人都必须做的事情，而且一天三次，所以如果涉及的软件和吃相关，那么使用群体一定比其他类型的软件要多得多，于是我首先画了一个蛋糕作为中心图。

画出中心图的时候我对这款软件依然没有任何想法，虽然做一款和吃相关的软件，但是类型也是多种多样。这里，我必须确定更明确的方向，于是我画上了主干"方向"，结合热门的软件类型，我将它展开为"外卖类""订餐平台""美食菜谱""健康养生"四个类型。直到画完分支，我依然没有任何想法，只是通过分支再梳理市面上所有和吃相关的软件的时候，我发现软件数量最少的就是"健康养生类"，这时，我一下子有了做一款健康饮食类软件的想法。接着画第二条主干"习惯"，我大概列出现在人用手机最喜欢干的事情无非是"交流""互动"和"记录"，说得通俗点就是聊天、自拍和朋友圈。当我们画出第一和第二条主干的时候，我顿时有了一个将这些特点都结合起来的点子："爱晒朋友圈的人吃东西都爱拍照，自己下厨觉得满意也会晒晒自己的手艺，如果做一款软件可以自动识别照片当中的食物内容，并且对比数据给出这个食物的营养含量，那不是将互动和健康美食完美结合起来了吗？"我们可以假设想象一下，今天的三餐分别吃了面条、牛排和川菜，每一顿饭我都用这款软件拍了照片，然后晚上吃川菜的时候软件就会提示我维C不足、油脂食物过多，为了营养平衡建议吃鱼肉或者蔬菜等，甚至可以通过网络社区或者和微信微博的合作晒朋友圈，这样一款APP既满足大家的社交互动需求，又能监测和监督健康饮食，一定受欢迎。

通过"方向"和"习惯"两个主干分支的绘制，我竟然神奇地产生了这样的想法，并且初步有了设计这款软件的概念，紧接着我对这款APP进行了

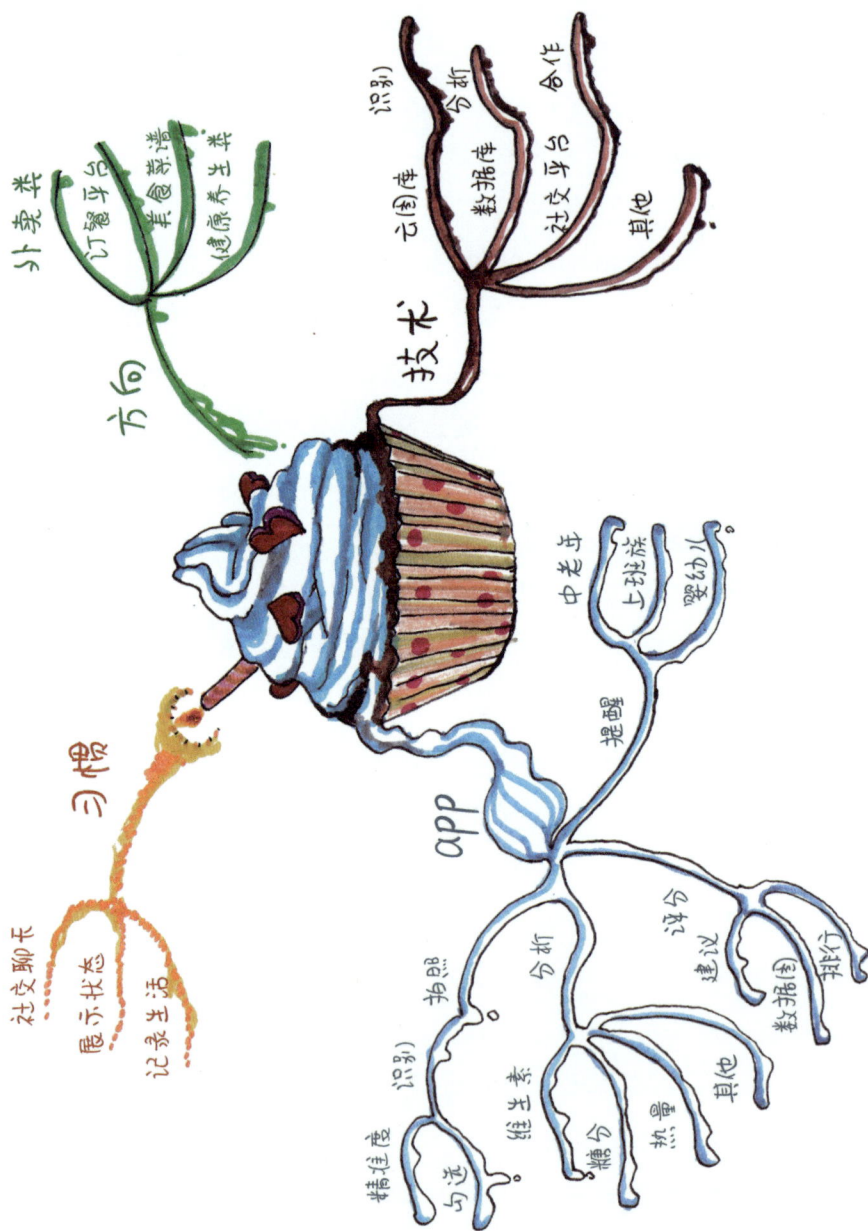

方向

补菜类
订菜平台
美食菜谱
健康养生类

技术

云[图]库(例)
数据库(例)
社交平台 合作
其他

习惯

社交聊天
展示状态
记录生活

APP

中老年
上班族
婴幼儿
提高产量

分析
建议
数据库
上班
精注度(引用)
勾选
维生素
糖分
其他
钙...
拍照...

详细的使用步骤设计，因此画上主干"APP"并较为详细地展开。最后，为了说明这款软件是可以基于技术开发的，并不是不能实现，因此再添加主干"技术"展开分析。在这款软件的绘制方面，我将蛋糕的奶油、巧克力、烛光、装饰品扩散开让它们自然形成分支的结构，这样的设计可以让枝干有一些食物的感觉，加深整体印象。

本张导图总结

在我们苦于拿不出方案的时候，应该勇于尝试思维导图，也许画的过程中依然没有任何点子在脑海中浮现，但是请耐心地画完整幅导图，我相信，在绘制的某个时候，你一定会有和我一样的体会，灵感会由于分支的展开突然涌现在你的脑海当中，让我们的思路一下子变得柳暗花明。

网站搭建

如果你参与过某个公司的网站搭建工作你应该知道，那是一件非常让人头痛的事情。通常，我们看到一个网站，当我们鼠标点进某个板块的时候就进入了它的下一级页面，这样的页面根据网站的功能它有若干个，我们称之为二级页面，同样，点进二级页面的某个板块，又进入三级页面。简而言之，网站的主页面包含若干个二级页面，二级页面又有若干个三级页面组成，根据内容需要，三级页面下还有更细一级的页面，如果把网站首页看成一棵大树，那么其他页面就是大树的树根。用思维导图可以高效地构架出网站结构，导图的分层、分支方式和网站结构如出一辙，这两者可以完美结合。

以用思维导图构架培训机构德智讲堂的网站为例：

通常进入一个网站在首页可以看见一条导航栏，这相当于图书的目录，方便我们快速找到需要了解的信息，除了导航栏以外，首页上还罗列着新闻、产品、介绍、广告等各种各样的信息，但实际上，这些信息都被归纳在导航上的各个板块当中，因此，搭建一个网站是需要结合网站目的和整合所有信息的一个耗时耗力的工程。在用思维导图搭建"德智讲堂"网站的时候我想到："网站是一扇窗户，客户通过它可以与我们建立联系，但就目前实际情况而言，内容的丰富性暂时不必优先考虑，简洁清爽并且能提供与公司联系的窗口就足够了。"所以，"简单""展示""介绍"是我三个小小的要求。在用思维导图绘制的时候我将主干分为"导航栏设计""美工要求""提交资料"，因为我只需要确定好网站的构架，剩下的美工和填充都是交给网络公司完成的，所以对于我而言，完成主干"导航栏设计"是我的重点工作。我将"导航栏"展开为七条分支即七个二级页面（图中网页"思维导图"在用导图设计的时候没有画出，为后来添加）分别是："首页""关于我们""课程导航""近期活动""师资团队""学生园地""合作联系"。确定好二级页面以后下一级的展开思考相对简单很多，比如"课程导航"展开列出公司开展的课程，有思维导图培训、记忆力训练、日语培训、英语培训四个王牌课程（这些构成三级页面），再点进去进一步了解的话可以看到每一个课程的各个阶段，比如记忆力培训分为初级、

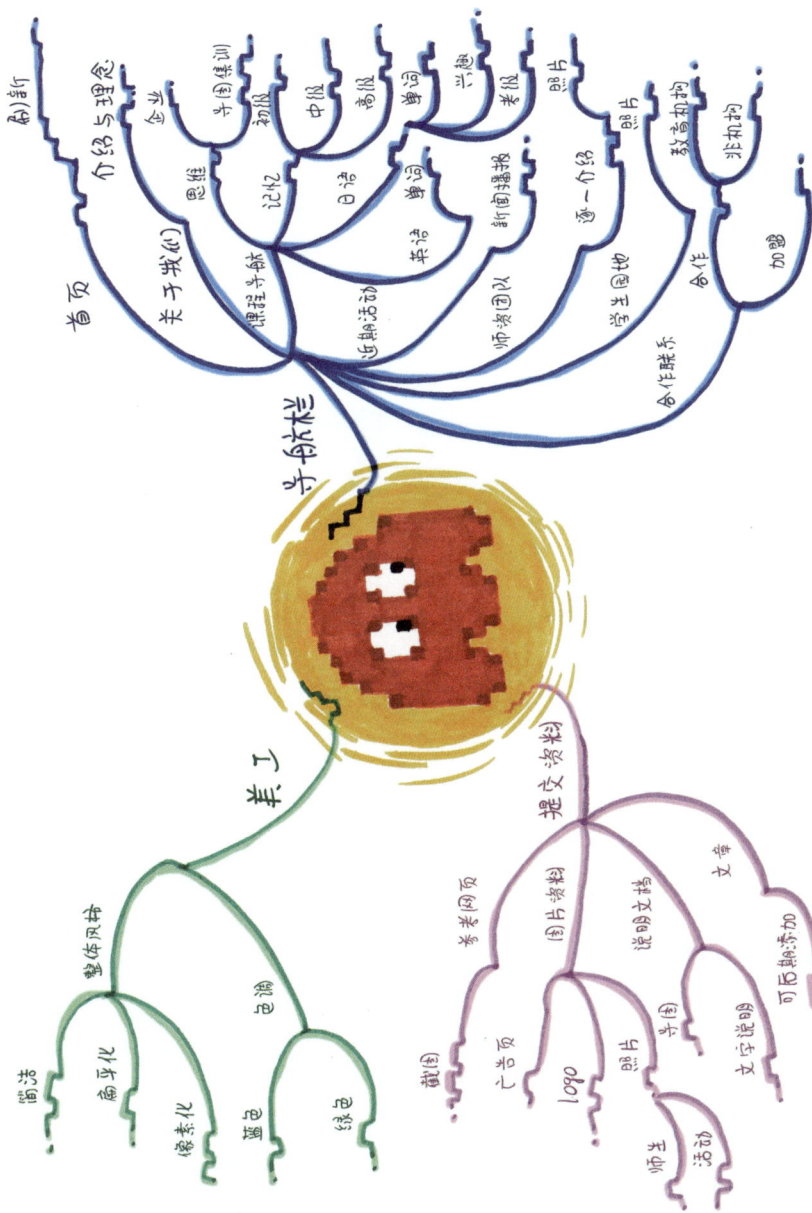

中级、高级等（这里是四级页面）；再如，"合作联系"方面分为合作和加盟两种方式，合作又细分为与教育机构的合作和非教育机构的合作，这些所有的想法都是我在绘制思维导图的时候诞生的。

完成主干"导航栏"以后，我的工作就已经基本完成，之后交给网络公司设计员。为了让他按一个统一风格来设计，我又画上主干"美工"展开说明我对网站美工设计方面的要求。另外，在主干"提交资料"上我详细列出应该提交给网络公司的素材，这样一来我就可以把素材一个不落的打包发到对方邮箱，而不用每次都因为遗忘资料而影响网站搭建的速度，其中包括参考设计网站的截图、公司LOGO、文章、老师照片、学生照片等。

本张导图总结

用思维导图能快速地搭建网站，这是因为思维导图的主干分支结构和网站本身的架构完全一致，由于导图将我们的想法可视化以后杂乱信息无法对我们的思维进行干扰，思维导图的分层结构又"逼"着我们发散思维考虑细节，我想，这应该就是它让事情变得高效的秘密。

马桶创意改造

在我们对某件常见的物品进行改造方案设计的时候，思维导图同样是不错的选择。比如对一支笔、沙发、凳子等这样日常生活中最常见的物品，它们的功能已经十分固定，要在这些物品的基础上开发出较为可行的、可以被大家接受的新功能并不简单，这就需要思维导图激发灵感的力量。在阅读下面内容之前，大家不妨拿出纸笔尝试，现在我们以"改造马桶"为主题制作这张思维导图，你会怎么画？如何改造呢？

这张导图我采用了气泡图的风格，在用软件做思维导图的时候，我们经常看到有一些人将导图画成这样的形式，和传统导图相比，分支上的关键词变成了一个个气泡配图，但它的核心结构"分层"却没有改变，因此，这样的图同样是一张地地道道的思维导图。

首先，我的改造点子必须基于可行性，不能太不切实际，因此我觉得最好改造的应该是马桶的颜色，需要说明的是这里指的"改造"并不是将自己家里的马桶加工改造，而是对马桶这个物品从生产厂家或者设计师的角度出发进行改造。列出主干"颜色"之后，我脑海中跳出了这样一些想法，例如："如果马桶的颜色能像变色龙一样变化那就有情趣了""春夏秋冬四季马桶颜色都不同就好了""如果马桶的瓷砖加入荧光材料就好了，晚上不开灯也看得见""马桶可以根据室内温度变色就好了""可以根据湿度变换颜

色该多好"等。这样就完成了气泡分支的绘制。另外，有的改造不必是马桶
一体化的设计，可以通过增加附加设备来实现，例如配个小书架、水箱旁边
加个手机袋、增加一个装香料的地方等，这样就有了主干"改造"。接着，
我直接想到了一些功能，但是没有办法将这些点子分类到具体的外形或者设
计上，我将它们统一归纳为"功能"，我的想法是这样的："马桶盖电子
改造，可以通过排泄物测出一个人的健康状态""增加组合设备方便家里有
老人或者小孩使用方便""马桶盖可以加热这样冬天上厕所不冷""增加靠
背，并且带按摩功能""盖上马桶盖可以折叠或者变宽，这样方便给婴儿洗
澡的时候作为操作台""带臭氧杀菌功能"等，将这些点子以关键词的形式
添加配图就完成了这张导图的设计。

本张导图总结

　　虽然气泡图在形式上和传统思维导图有所差异，但只要具备分层结
构，运用发散思维，它就应该是地地道道的思维导图。导图激发灵感的功
能广泛被设计行业的工作者运用其中，在著名的案例中波音公司设计飞机
747就是其中一个，据说，该部门用思维导图设计波音747为公司直接节约
了一千万美元的开支。

装修方案

　　提到装修，这应该是大多数经历过的人都不想再提第二次的事情，因
为它实在太麻烦、太琐碎，再加上自己不够专业，导致整个装修过程稀里糊
涂，也因此花了不少冤枉钱。首先我们应该明白，装修是一件非常讲究步骤

的事情，如果我们能理清每一步需要准备的工作，那么在开始施工的时候就会目的非常明确，在监督施工工人做工的时候变成一个比较专业的人。

既然装修讲究设计，在画这张关于"装修"主题的思维导图的时候，我也对它的表现形式进行了设计。说到装修，我便想到用树木作为中心主题，树干散开变成主干和分支，但是，如果导图的分支内容比较多，树的下方又用什么方法来表现呢？这时，我想到一棵树倒映在水里的画面，这样一来，水里树的影子也能展开称为分支，那一定是比较美丽的画面，因此便有了这幅导图现在的样子。

我将整个装修的过程用主干分成："前期准备""施工（人员）确认""材料确认""开始施工""完成阶段（验收）"五个部分。"前期准备"的时候，我们首先应该考虑预算，其中包括对材料的预估，了解工人收费标准等。下一步是到场地实地考察测量，接着是初步考虑设计方案，然后结合自己的想法到装修材料市场了解，然后是大概定下装修风格。这一系列的想法和步骤都属于前期准备，分别用分支展开记录；有了初步的想法以后就是选定工人，到底是包给小团队还是完全交给装修公司，或者通过熟人介绍一个一个单独寻找？这里，同样用分支进行记录，最后，由于我已经足够了解了行情，交给装修公司的话会超出预算，我决定交给个体包工头完成；落实好实施人员以后就是"材料确认"，因为装修材料的购买一般都要预约送货时间，这需要和装修工人商量时间上的安排，材料的确认当中包括整体风格、地面颜色、墙、家具定制等方面；在主干"开始施工"方面，步骤是需要明确的内容，通过参考邻居的装修，可以确定整个步骤应该是：在开发商处确认验房、电工对水电进行改造、泥水工人对墙面改造和修补、木工搭建框架、漆工修正墙面和刷漆、砖工贴瓷砖、清理建筑垃圾等几个步骤，分别用分支表示；最后，基本装修完成以后就进入主干"完成阶段"，验收装修后就是局部整修、添加家具、安装家电、整体布置等几个方面，用分支分别记录。

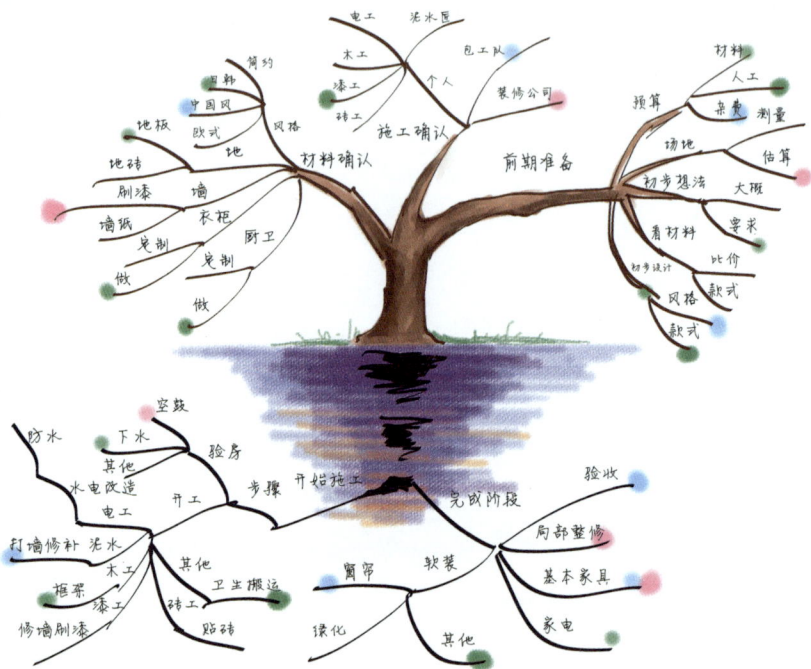

本张导图总结

　　用思维导图的结构整理步骤性很强的内容时，它能有很好的记忆效果，关上这张导图以后我们可以清楚地记得左上角是主干"前期准备"，中间是"施工确认"，右下角是"完成阶段"等。闭上眼睛，这张导图的分支形状似乎都能清晰地回忆起来，这是任何表格或者文字形式都无法达到的效果，为严谨的步骤性内容加深了印象，减少了办错事的几率。

MIND MAP

16
导图的真髓

永远的*One Piece*

认识我的朋友都知道，我是漫画*One Piece*（海贼王）的忠实读者，从漫画1997年开始连载到现在将近20个年头，它伴随我从少年到而立，带给我快乐和感动，漫画当中的主人公在我的生活当中，仿佛真实存在的角色。我在和一位资深思维导图老师聊天的时候他说道："思维导图归根结底的精髓总结起来应该是这两个字——快乐！"当初，我并不是太明白这句话的意思，如今，我深切地体会到，虽然思维导图有众多的用途和好处，但能让我们源源不断地使用它，正是因为在绘制过程当中，我们体会到的无穷的快乐。这确实是导图的精髓所在。我不妨把这张思维导图当作一次和爱好的结合，尝试把它用到自己最感兴趣的方面，看看能产生什么样的有趣效果。

这张图原本可以画成彩色，但最终决定用黑白稿表现是因为导图才是内容的主体，如果耗费太多的时间在绘制上便失去了导图的意义，因此在平

衡点上我舍弃了彩色的想
法。创作这幅图从草稿到完
成，不到两个小时。

　　我把漫画的主角路飞
作为中心图，在漫画中他可
以像橡胶一样压缩自己的身
体，从而增加血液的流速起
到兴奋的效果，每当这样做的时候身体就会冒出蒸汽。我在画之前便有了把这
个画面当中构图的想法，蒸汽散开形成主干和分支，增加导图的整体感。为了
向不了解这本漫画的人宣传这部伟大作品的感人之处，我从四个方面来进行概
括，分别是主干"精神"（描述这部作品的内涵）、"原因"（主观描述我喜
欢这部作品的原因）、"内容"（大概讲述故事内容）、"其他"（客观描述
这部作品取得的成就）。我将这幅导图的主干定格为四条也有一个目的是考虑
到画面的美感，这样看起来左右对称。

　　在分支展开的时候，考虑到绘制这幅导图的初衷是为了体验思维导图带
来的快乐，因此我把绘制的乐趣放到了内容的前面，优先考虑分支和画面搭
配的协调性，其次才是内容。确定好四条主干以后，分支的发散是一个相对不
占时间的事情，特别是面对自己非常熟悉的内容，一旦确定好主干，分支就仅
仅是细节填充而已。在此，以主干"原因"为例说明我为何喜欢这部作品，用
分支的方式我将它分为"精神支柱""人物塑造""故事情节""想象力"四
个方面。"精神支柱"主要是因为这部作品能让读者有很强的代入感，它的主
题是勇气、梦想和信赖，同时它也是一部非常欢快笑声不断的作品，这是我喜
欢它的原因之一。从"人物塑造"方面，其中的每一个登场角色不管是配角还
是主角，性格刻画得非常真实，仿佛就是我们身边的某一个熟悉的人，所以能

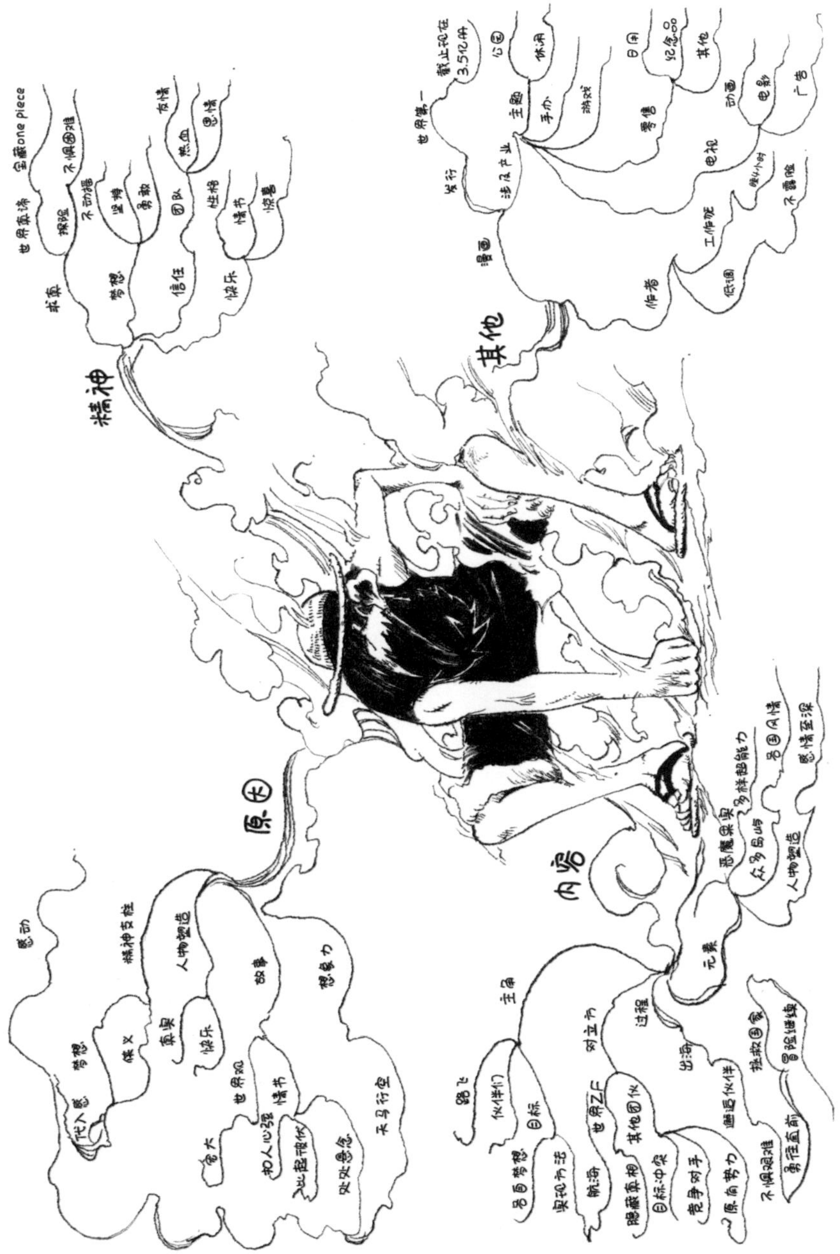
精神
成就
梦想
信任
快乐
其他
漫画
发行
作者
原因
感动
精神支柱
人物塑造
故事
想象力
内容
元素
主角
对立方
过程

带来很多欢乐。再次，它的故事情节非常精彩，整个故事的世界观设计宏大，情节充满伏笔，这是大部分读者喜欢它的原因。最后，故事当中穿插的各种想象力不得不让人佩服，这也是我最喜欢《One Piece》的原因。总结这四条分支，最后汇集起来变成一条分支——感动，所有的原因都是因为这部作品带给我无穷多的感动，总结起来，这些方方面面就是我对这部作品的感情。

通过用思维导图梳理自己最感兴趣的作品，我发现，这个过程让我回忆起从高中时代开始看这部漫画的无数次欢笑、无数次紧张、无数次感动，导图让我想起了我与它的点点滴滴，让我沉醉在曾经的美好的回忆当中。当我完成这幅作品的时候，我压抑不住自己欢喜的心情和成就感，把这幅导图存到手机设置成了桌面，情不自禁地欣赏了很多遍。这时，我确实体会到了那位思维导图老师的话，导图能让人快乐才是它的精髓。

本张导图总结

换一个角度想问题，我们画导图的目的是什么？我们学习的目的是什么？想提高的目的又是什么？都是因为内心存在的满足感。学习进步考了第一，或许是因为很满足别人的夸奖；工作优秀不断被提升，或许是因为能拿到更多工资，或许是因为能吸引异性的欣赏；通过导图学更多的知识，或许是因为满足了我们的求知欲，觉得自己懂得更多了，从而产生了快乐的感觉……归根结底，我们都在寻找满足感当中，通过各种方式前行。我们不断地画思维导图，越画越入迷，不正是因为我们内心的满足感吗？只有在绘制导图的时候有快乐的体验，我们才会不断尝试它、运用它，快乐，就是导图的真谛所在。

后　记

　　回想这一年，时光匆匆而逝，我似乎每天回到家中都在为这本《思维导图宝典：好看更好用的导图大全集》做准备，走在路上的时候都在想如何写好这本书。说实在的，这本书也许不完全算得上一本教学类书籍，书中没有讲述思维导图的发展、推广、国外的各种案例等，也没有各种思维方法的理论描述，但是，我坚信，这应该是一本内容量十足的关于思维导图的书籍，我将自己的亲身经历，将能设想到的大部分构思都通过案例的方式来展现给各位读者，通过文字讲述了我画每一幅思维导图的思考过程，我想，这应该是市面上相关书籍里边独一无二的。

　　当然，这本书在我心目当中还有很多不足之处，由于各种原因，我的很多设想还没能完全实现。例如，我发现用思维导图做心理健康辅导是非常有效果的事情，但由于专业性较强，我放弃了导图的绘制；再如团队协作完成导图，这也是实际运用当中常有的事情，由于时间原因，我也没有将这类导图收集在这本书里面。在美工设计方面，我还很多点子没有一一实现，比如山峰的脉络、《神秘花园》风格、橡皮泥实物拍摄、花瓣散开、喷泉散开、侍女丝绸展开、荷叶的纹路、蝴蝶的花纹、电路板风格等，我之所以放弃了这些设计，原因是我虽然想尽可能地表达导图应该具备的美，但却不能把它变成一本关于绘画的美术书。

思维导图的作用更多还是只能通过亲自绘制才能体会，在这本书的最后，我祝愿每一位希望自己能有所提高，希望自己能变得更好的读者，通过实战绘制来提高自己思维导图的能力，磨炼自己的大脑，画出自己的思维、画出自己的创意、画出自己的世界。

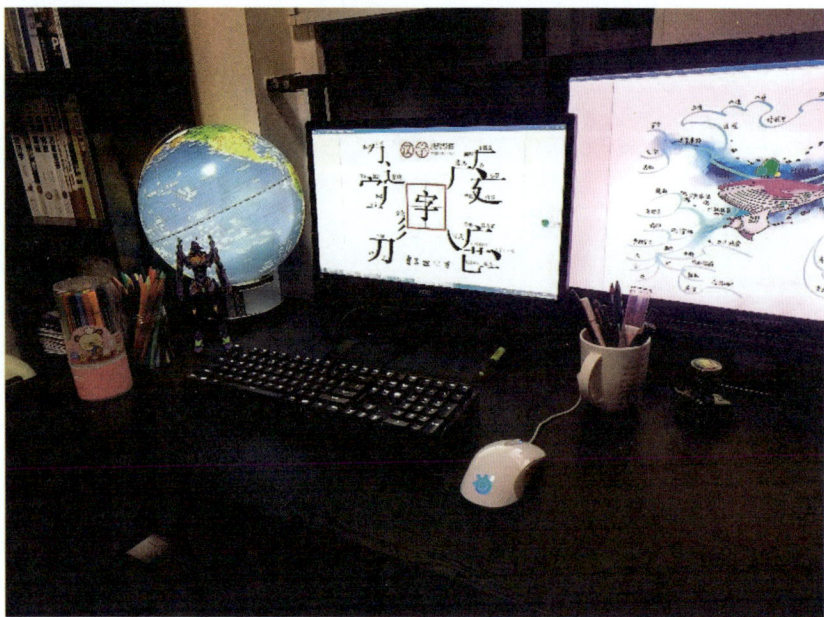

本书收集的所有导图均创作于这张桌子，在用键盘敲打本书最后几行字的时候不禁有一种依依不舍的感情，不禁回想起每一次深夜加班的自己的身影，但这都是非常快乐、难忘、独一无二的回忆，这正是思维导图带给我的美好体会。在最后的最后，我祝这本书能被各位读者喜欢，能成为绘制导图时候的有用资料，能成为实现梦想道路上的有力武器。